아! 그렇구나!

엄마가 읽어주는 세계 명물이야기

전파과학사

아! 그렇구나!

엄마가 읽어주는 세계 명물이야기

지은이 김채룡

아! 그렇구나!

엄마가 읽어주는 세계 명물이야기

지은이 / 김채룡

2009년 1월 25일 초판 인쇄
2009년 2월 1일 초판 출판

펴낸곳 / 전파과학사
펴낸이 / 손 영 일
등록일자 / 1956. 7. 23. 등록 번호 / 제10-89호
120-824 서울 서대문구 연희2동 92-18
전화 02-333-8877 · 8855
팩시밀리 02-334-8092

* 파본은 구입처에서 교환해 드립니다.

www.s-wave.co.kr
E-mail : chonpa2@hanmail.net

ISBN 978-89-7044-266-2 43400

머리말

어린이는 어른의 스승이라는 말이 있습니다. 어린이들은 본 대로 느낀 대로만 말하고 꾸며서 말하지 않습니다. 먹고 싶거나 하고 싶은 것이 있으면 조르다가 어리광을 부리며 요구합니다. 어떤 거짓이나 가식이 없습니다. 이런 귀한 보배들을 올바르게 길러 세상의 일꾼으로 키우는 것이 어머니들입니다. 어릴 때는 젖을 물려 자신의 체온으로 사랑을 싹트게 하고, 자라면 사리판단과 용기를 북돋아 세상을 살게 합니다.

어머니들은 평생 동안 모든 것을 자식에게 바칩니다. 그러기에 어머니는 세상에서 가장 위대한 교육자입니다. 동서고금을 막론하고 세상을 빛낸 사람들 뒤에는 위대한 어머니들이 있었습니다.

방안의 불을 끄고 아들은 글씨를 쓰게 하고 자신은 떡 썰기를 했던 한석봉 어머니나, 유학 도중 공부를 할만큼 했다고 돌아온 아들을 앉혀놓고, 자신이 짜던 베틀 날줄을 끊으며 다시 돌아가 더 공부를 하라고 호통을 친 맹자 어머니의 가르침도 있었습니다. 오늘날에도 이에 못지않은 훌륭한 어머니들이 많이 있음을 보고 듣습니다. 세계가 하나가 된 오늘날 학문, 정치, 의학, 스포츠, 예술, 연예 등 각 분야에서 세계적인 유명인이 속출하여 우리를 기쁘게 하고 있는데, 이들 뒤에는 정성스러운 어머니들의 가르침이 있었습니다.

이 책에는 세계를 이끈 위인이나 명인들이 남긴 작품, 명소 등 진귀한 이야기를 적었습니다. 초등학생들이 이해할수 있도록 쉽게 쓰려고 힘썼습니다. 그들이 읽으면 성장에 큰 도움이 되리라 믿습니다. 그러나 귀여운 자녀들이 자칫 시기를 놓쳐 헤매지 않게 어머니가 읽어주는 것도 좋으리라 생각합니다. 정성어린 엄마의 이야기는 결코 잊지 못함을 경험했을 것입니다.

이 책을 출판해주신 전파과학사 손영일 사장님께 깊은 감사를 드립니다. 그리고 푸코의 흔들이 등 여러 자료를 얻게 해준 대구교육과학연구원에도 감사드립니다.

2008년 12월 김 채 룡

차 례

1. 러시모어산의 대통령 상(像)들

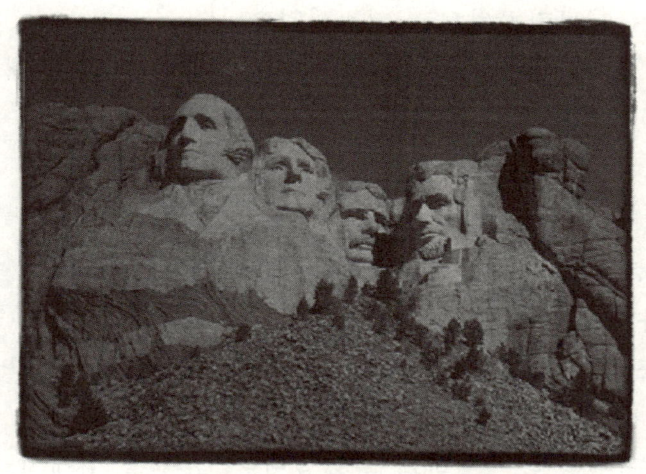

미국 중북부 중앙에 사우스 다코타(South Dakota) 주가 있습니다. 이 주의 서부를 차지하는 블랙 힐(Black Hill) 남부에 있는 러시모어(Rushmore)산 마루 바위에는 미국을 크게 빛낸 4명의 대통령 얼굴상이 조각되어 있습니다.

어느 얼굴상이나 길이가 스핑크스의 2배인 18m에 이릅니다. 이렇게 큰 얼굴상들이 1,745m 높이의 산마루 화강암에 조각되어 있어서 망원경으로 보면 멀리 40km(100리) 밖에서도 보인다고 합니다.

얼굴상들은 얼마나 정교하게 조각되어 있는지 산 중턱

망대(望臺)에서 보면 마치 눈동자가 살아있는 듯이 보입니다. 이 훌륭한 대통령들의 두상(頭像)을 보기 위하여 매일같이 수많은 관광객들이 모여들고 있습니다. 이 지역은 이미 1929년에 국립공원으로 지정되었습니다.

맨 앞에는 미국 독립군의 사령관이었으며 초대 대통령을 지낸 조지 워싱턴(George Washington, 1726~1799)의 얼굴상이 새겨져 있습니다.

워싱턴은 어렸을 때 집 앞뜰에 있는 벚나무 가지를 자른 일이 있었는데, 잘못을 뉘우치고 아버지에게 용서를 빌었더니 아버지는 아들을 정답게 껴안으며, 너의 그 '정직함'이 부러진 벚나무 가지보다 더 소중하구나 하며, 언제나 바르게 살라고 격려했다고 합니다.

그는 평생을 성실하게 살았습니다. 공부는 집에서 가정교육을 받은 것이 전부였으나 매사에 믿음을 가지고 살았습니다. 13살 때부터 측량사(測量士) 일을 했는데 그가 측량한 토지는 조금의 오차도 없이 경계가 정확하다는 소문이 퍼지면서 사람들의 신망을 얻었다고 합니다.

그는 농장을 경영했는데, 부유한 미망인 M. 커스티스와 결혼하여 농장을 더욱 확장했습니다. 그 후 그는 주의원을 거쳐 버지니아 주 의용군에 입대하여 군인생활을 했습니다.

그런데 당시 영국은 신대륙에 정착한 식민지에 불리한 정책을 써왔습니다. 이에 식민지들은 영국의 이런 식민정책에 대항하여 1774년에 독립전쟁을 일으켰습니다.

필라델피아에서 열린 13주 대륙회의(the Continental Congress)는 워싱턴을 의장으로 선출하였습니다. 1775년에는 그가 독립군 사령관에 추대되어 영국과의 독립전쟁을 이끌었습니다. 드디어 1781년에 요크타운 전투에서 영국의 콘월리스 장군을 항복시켜 마침내 1783년 9월 영국으로부터 독립을 허용받는데 성공했습니다.

그 후 1789년에 치러진 최초의 선거에서 만장일치로 미국의 초대 대통령에 추대되었습니다. 미국 사람들은 조지 워싱턴을 '건국의 아버지'로 추앙하고 있습니다.

두 번째 조각상에는 역시 독립운동을 주도했으며, 제3대 대통령을 지낸 토머스 제퍼슨(Thomas Jefferson, 1743~1826)의 얼굴이 새겨져 있습니다. 제퍼슨은 버지니아 주 출신 변호사였는데 "모든 인간은 평등하게 태어났다."는 평등사상을 주도한 사람입니다.

"지구상에 사는 모든 사람은 자신의 정부를 가질 권리가 있다." 고 주장하며 영국의 식민지 지배에 반대하는 반영(反英)운동을 주도했습니다.

그는 또 정부수립에서는 종교와 정치를 분리하는 정교분리 원칙을 주장하여 어떤 종교도 정치에 참여하지 못하게 분명히 한 사람입니다.

그는 또 미국 독립선언문의 기초를 지은 사람으로도 유명합니다.

대통령이 되기 전에는 부통령, 국무총리, 프랑스 공사 등 다양한 활동을 한 당대의 유능한 정치가였습니다.

그는 자연과학과 건축에도 조예가 깊어 퇴임 후에는 자기가 설계한 집에서 살았다고 합니다.

세 번째 조각상으로 제 26대 대통령을 지낸 시어도어 루즈벨트(Theodore Roosevelt, 1856~1919)의 얼굴상이 조각되어 있습니다. 그는 1897년에 해군차관으로 복무하고 있었는데, 1898년에 스페인과 전쟁이 일어나자 해군차관을 사임하고 독자적으로 의용군을 모집, 참전하여 큰 공을 세워 하루아침에 영웅이 되었습니다.

그는 1900년 선거에서 부통령에 당선됐는데, 1901년 매킨리 대통령이 암살되자 제 26대 대통령에 취임했습니다. 그는 1904년 선거에서 재선되었습니다. 그는 그때까지 신장된 국력을 기반으로 세계 외교면에서 미국의 위상을 크게 높였습니다. 라틴아메리카 정책에도 관여하였습니다. 1906년에는 '러시아-일본' 전쟁을 중재하여 세계평화에 기여한 공로로 노벨평화상을 수상하였습니다.

1904년에는 파나마 운하 공사를 시작하여 1914년에 완공을 보았습니다. 이 운하의 성공으로 대서양과 태평양 사이의 뱃길을 단축시켜 해운업계의 기적을 이루었습니다.

맨 남쪽 정면에는 제16대 대통령 에이브러햄 링컨(Abraham Lincoln, 1809~1865)의 얼굴상이 조각되어 있습니다. 링컨은 켄터키 주 농촌의 조그만 통나무집에서 새엄마와 함께 어린 시절을 보냈습니다. 어느 날 이웃집에서 빌려온 '워싱턴 전기'가 문틈으로 스며든 빗물에 젖어버렸다고 합니다. 링컨은 책을 빌려준 아저씨를 찾아가 집일을 돕겠다며 용서를 빌었더니, 아저씨가 링컨에게 그 책을 선물해 외우다시피 여러 번 읽었다고 합니다.

어느 정도 성장해서 노예시장에 갔는데, 팔려가는 어린 아들과 헤어지는 흑인 엄마의 울부짖음을 보고 마음에 큰 충격을 받았다고 합니다.

그는 상점 점원을 하면서 밤에는 독학으로 열심히 공부하여 측량기사, 우체국장, 변호사를 거쳐 마침내 주의원(州議員)이 되었습니다. 그는 연설을 잘해서 15대 대통령 후보의 찬조연설을 했는데,

“금이 가서 두 쪽으로 갈라진 집은 오래 견딜 수가 없습니다. 반쪽이 노예이고 다른 반쪽이 자유인이면 이 국가는 결코 번영할 수가 없을 것입니다.”

라고 설파하여 사람들의 관심을 끌었다고 합니다.

다음 선거에서는 자신이 대통령 후보로 출마하여 국민화합과 노예해방을 주장하여 마침내 1661년 3월 4일 제16대 대통령에 취임하였습니다.

그러나 취임한지 39일 만인 4월 12일 정부정책을 반대하는 남부동맹(the Confederates)군이 찰스턴 항을 공격해왔습니다. 남북전쟁(civil war)이 일어났던 것입니다. 남부의 주들은 주로 흑인 노예를 이용하여 곡물이나 목화 등 농사를 주업으로 하고 있었습니다.

양측의 전쟁은 밀고 밀리며 그 후 4년이나 계속되었습니다. 링컨은 드디어 1663년 1월 1일 ‘노예 해방’을 선포하였습니다. 그해 여름에 있었던 펜실베이니아 주 게티스버그

전투는 3일간이나 계속되었는데 양쪽 공히 많은 사상자가 생겼습니다.

링컨은 그 전사자들의 영혼을 기리는 위령제에서… "국민에 의한, 국민을 위한, 국민의 정부는 결코 지구상에서 사라지지 않을 것입니다.…"라는 유명한 연설을 남겼습니다.

전쟁 중에 치러진 다음 선거에서 링컨은 다시 대통령에 당선되었습니다. 그리하여 1665년 3월 4일 두 번째 대통령 취임식을 했습니다. 그 연설에서 그는 다시 한 번 온 국민을 감동시키는 연설을 남겼습니다.

"어느 쪽이나 악의는 아무것도 없습니다. 양쪽 모두에게 성스러운 사랑을 내리시기를 바랄뿐입니다!"

정부군이나 남부동맹군 서로 미워하지 말고 빨리 전쟁을 끝내자고 외쳤던 것입니다.

두 번째 취임식에서 이 연설을 한 4일 후인 1665년 4월 9일 남부동맹군이 항복해옴으로써 마침내 남북전쟁이 끝났습니다.

그러나 그 기쁨도 잠시뿐 5일 후인 4월 14일 밤, 그간의 피로를 풀고자 들린 극장에서 링컨은 괴한에게 암살되었습니다.

러시모어 산의 대통령상들은 미국의 유명한 조각가 굿존 보글럼(John Gutzon Borglum)이 조각하였습니다. 보글럼은

1867년 아이다호(Idaho) 주 센트 찰스에서 태어났습니다. 그는 그림을 잘 그려 그것을 판 돈으로 프랑스로 유학을 갔으며, 조각을 공부하고 돌아왔습니다.

보글럼은 미국 역사에 관계가 깊은 유명한 조각을 많이 남겼습니다. 워싱턴 D.C.에 있는 링컨기념관의 거대한 '링컨의 좌상'(앉아있는 상), 남북전쟁 당시 북군(정부군)을 지휘한 용감한 '세리든' 장군의 동상, 그리고 뉴욕시에 있는 성(聖) 요한 대성당의 '12제자 상'도 그의 작품입니다.

워싱턴의 얼굴상은 1927년 시작하여 1930년 7월 4일 완성했습니다. 차례로 제퍼슨의 상, 루즈벨트의 상을 완성하고 이어 링컨의 상을 조각하다가 끝내지 못하고 1941년 3월 6일 세상을 떠났습니다. 뒤를 이어 그의 아들이 작업을 이어받아 그해 10월에 완성하였습니다.

이 얼굴상들을 조각하는데 전부 14년의 긴 세월이 걸렸습니다. 그중 6년 동안은 재정이 부족하여 일을 하지 못했습니다. 모두 100만 달러가 들었는데 주정부가 80%를 마련해주고 나머지는 기부금으로 충당하였습니다. 주의 재정이 넉넉하지 못했기 때문입니다.

사우스 다코타(South Dakota) 주는 1899년 40번째로 미국의 주가 되었습니다. 면적은 남북한을 합한 크기를 조금 넘지만 인구는 겨우 80만 명에 불과하여 재원이 넉넉치 못했습니다.

그러나 러시모어 산은 국립공원으로 지정되었으며 대통령상 조성으로 미국의 유명한 관광지가 되었습니다. 특히 자녀들을 대리고 가족단위로 오는 관광객이 많습니다. 산

중턱에 있는 망대(望臺) 옆에 있는 부속건물에는 옛 공사의 진행과정을 생생하게 보여주는 영화가 하루종일 상영되고 있어 산 교육장이 되고 있습니다.

2. 갈릴레오 갈릴레이의 낙하(落下) 실험 이야기

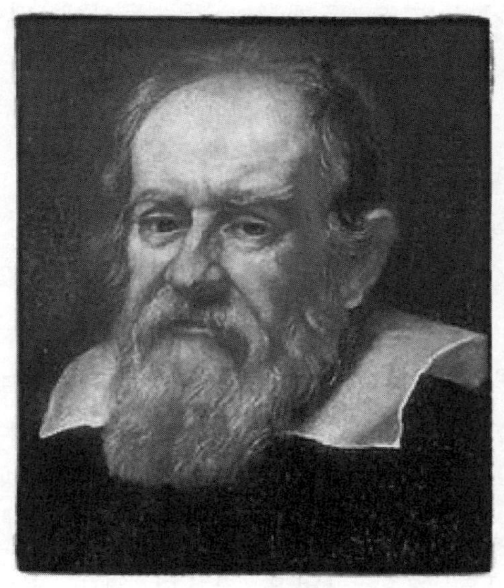

일반적으로 나무는 가볍고 쇠는 무겁습니다. 만약 부피와 모양이 같은 나무와 쇠로 만든 두개의 공(球)이 있을 때, 그것들을 같은 높이에서 동시에 떨어뜨리면 어떻게 될까요? 두 공은 다른 속도로 떨어질까요? 아니면 동시에 떨어질까요?

옛날에 실제로 자기가 가르치던 제자들과 동료들 앞에서

이 실험을 해보인 과학자가 있었습니다. 갈릴레오 갈릴레이(Galileo Galilei, 1564~1642)였습니다.

그는 유명한 피사의 사탑 위에 올라가 나무와 쇠로 만든 모양과 크기가 같은 두개의 공을 동시에 떨어트렸습니다. 두 공은 과연 어떻게 떨어졌을까요?

갈릴레이가 교실에서 제자들에게 가르친 대로 두 공은 동시에 떨어졌습니다.

이 낙하실험을 하게 된 까닭은 제자들이 두 공이 동시에 떨어진다는 갈릴레이의 말을 믿으려 하지 않았기 때문이었습니다.

아득한 옛날(기원전 3세기) 그리스에 아리스토텔레스라고 하는 유명한 철학자가 살았습니다. 그는 세상의 모든 문제를 해결하는 현자(賢者)였습니다. 그의 말은 모든 사람에게 모두 정답으로 받아들여졌습니다.

그는 무거운 것은 가벼운 것보다 빨리 떨어진다고 말했습니다. 사람들은 아리스토텔레스의 이 말을 신의 말처럼 믿으며 살아왔습니다.

그런데 피사대학에서 수학을 가르치던 갈릴레이는 이 말에 의문을 품고 있었습니다. 만약 10파운드의 돌이 1파운드의 돌보다 10배 빨리 떨어진다고 하면, 두 돌을 끈으로 묶어서 11파운드의 돌로 만들어 떨어트리면 어떻게 떨어질까? 하고 생각했습니다.

무게가 11파운드이니까 10파운드의 돌보다 더 빨리 떨어질까?

아니면 1파운드의 돌이 10파운드의 돌의 속도를 줄여서 더 천천히 떨어질까?

이와 같은 생각이 들자 그는 실제로 여러 무게의 돌을 동시에 떨어뜨려 보았습니다. 언제나 모두 같은 속도로 떨어졌습니다. 마침내 그는

"모든 물체는 모양과 크기와 무게에 관계없이 동시에 떨어진다."는 낙하법칙을 얻었던 것입니다.

그러나 동료들은 물론 제자들마저도 그의 이 말을 믿으려 하지 않았습니다. 그래서 피사의 사탑 위에 올라가 낙하실험을 했던 것입니다.

이 법칙에 의하면 진공 속에서는 모든 물체는, 예를 들면 가벼운 솜 같은 물질까지도 쇠 공과 같은 속도로 떨어집니다.

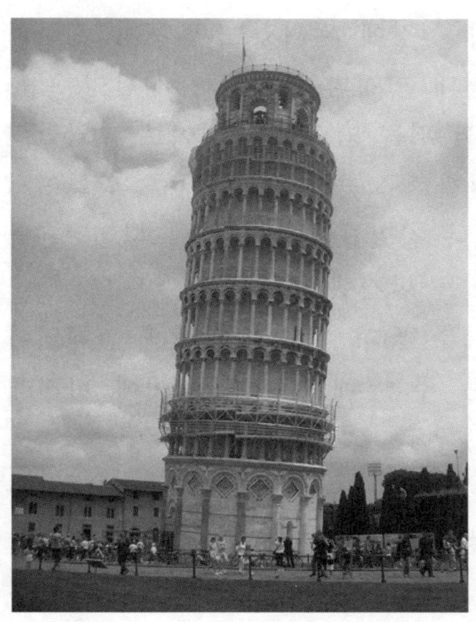

갈릴레이가 낙하실험을 한 피사의 사탑

갈릴레이는 이탈리아의 북부 도시 피사에서 1564년 1월 2일 태어났습니다. 그는 아버지의 고향인 피렌체에서 초등학교를 마치고 아버지의 소원대로 의사가 되려고 피사에 와서 의과대학에 입학했습니다.

그러나 의과대학을 중퇴하고 더 흥미가 있는 수학과 과학을 공부

했습니다. 학교를 졸업하고 피사대학의 수학교사가 되었습니다. 그리고 과학과 천문을 연구하며 많은 업적을 남겼습니다.

갈릴레오 갈릴레이 이전에는 '실험'을 통하지 않고 철학적 관점에서 이론으로 과학을 가르치던 사람들이 대부분이었습니다. 그래서 갈릴레오 갈릴레이를 '실험과학의 아버지'라고 합니다.

근대 실험과학은 갈릴레오 갈릴레이로부터 시작되었다고 할 수 있습니다. 그는 자연에서 일어나고 있는 모든 과학현상을 모두 실험을 통하여 밝혀내고자 힘쓴 과학자였습니다. 그리고 많은 진리를 발명 또는 발견했습니다. 그의 업적은 참으로 놀랍도록 많습니다.

어떤 날 그는 성당에서 천장에 걸려있는 램프가 흔들리는 것을 보았습니다. 그런데 그것의 흔들리는 시간이 같은 것을 알았습니다. 손목에서 뛰는 맥박수로 재어보고 알았던 것입니다. 집에 돌아와 실제로 노끈으로 흔들이를 만들어서 실험을 해 보았더니 언제나 같았습니다. 그는 드디어 '흔들이(振子)의 등시성(等時性)'을 발견했습니다.

"흔들이의 주기(週期)는 추(錘)의 무게와 진폭에 관계없이 일정하고, 그 주기(간격)는 추를 매단 실의 길이에 반비례한다."는 것을 알았습니다.

다시 말하면, 추의 왕복 속도는 추의 무게와 진폭에는 관계가 없으며 추를 매단 실의 길이가 짧으면 빨리 흔들리고 길면 느리게 흔들린다는 것을 알아냈습니다. 이 원리는 후에 네덜란드의 과학자 호이겐스에 의하여 세계 최초의 추시계(錐時計)를 발명하게 하는 계기가 되었습니다.

그는 또 자신이 만든 망원경(1610년)으로 세계 최초로 달의 표면을 관찰했습니다. 동양에서는 달 속에 계수나무가 있고 그 밑에서 토끼가 절구질을 하고 있다고 믿으며 살던 때였습니다. 그는 달 속에서 무었을 보았을까요? 거기에는 높은 산과 계곡, 그리고 크레이터(운석이 떨어져 움푹 파인 자국) 등이 있는 것을 발견했습니다.

그는 또 다른 행성들도 관찰했습니다. 특히 목성에는 여러 개의 달(위성)이 돌고 있는 것을 관찰하고, 맨 안쪽에서 돌고 있는 달을 이오(Io)라고 명명하였습니다.

갈릴레이는 그렇게 많은 업적을 후세에 남겼으나 말년은 매우 불행하게 살았습니다. 그 시대는 교황이 세상을 지배하던 때였습니다.

교황은 지구가 우주의 중심이며 해와 달, 그리고 별들이 지구를 중심으로 움직이고 있다고 믿었습니다.

갈릴레이의 생각은 달랐습니다. 그는 지구가 맴돌이(자전)를 하면서 1년 걸려서 태양 주위를 돌고 있다는 지동설을 믿었습니다. 교황과 다른 말을 한 죄로 갈릴레이는 1633년에 종교 재판소에 불려가 앞으로는 그런 잘못된 말을 하지 않겠다는 약속을 하였습니다. 종교 재판소는 그에게 종신형을 언도하고 지하 감옥에서 살게 하였습니다.

얼마 후 그의 나이 70세 때 감형되어 풀려났으나 남은 생을 쓸쓸하게 살다가 1642년 72세의 나이로 세상을 떠났습니다.

지구가 움직인다는 지동설은 폴란드의 철학자 N. 코페르

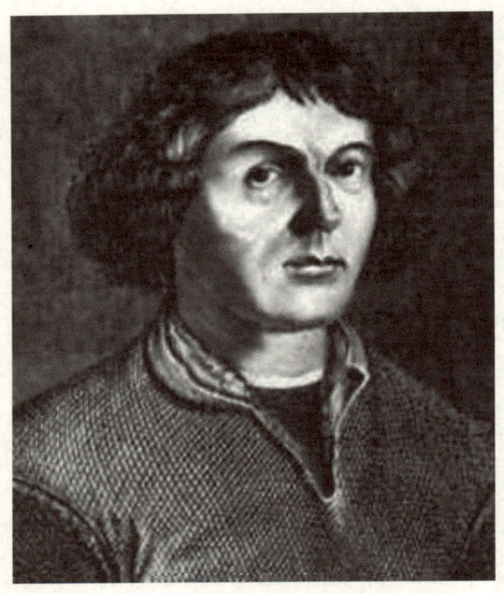

지동설을 주장한 코페르니쿠스

니쿠스가 1500년대에 최초로 발표하였습니다. 그 후 이탈리아의 철학자 조르다노 브르노도 지동설을 말한 죄로 1600년에 화형(火刑)당했습니다. 갈릴레오 갈릴레이는 브르노의 비극을 알면서도 지동설을 말했던 것입니다. 그는 그런 형을 받고도 "그래도 지구는 돌고 있다."는 말을 남겼다고 합니다.

3. 뉴욕의 명소 자유의 여신상 이야기

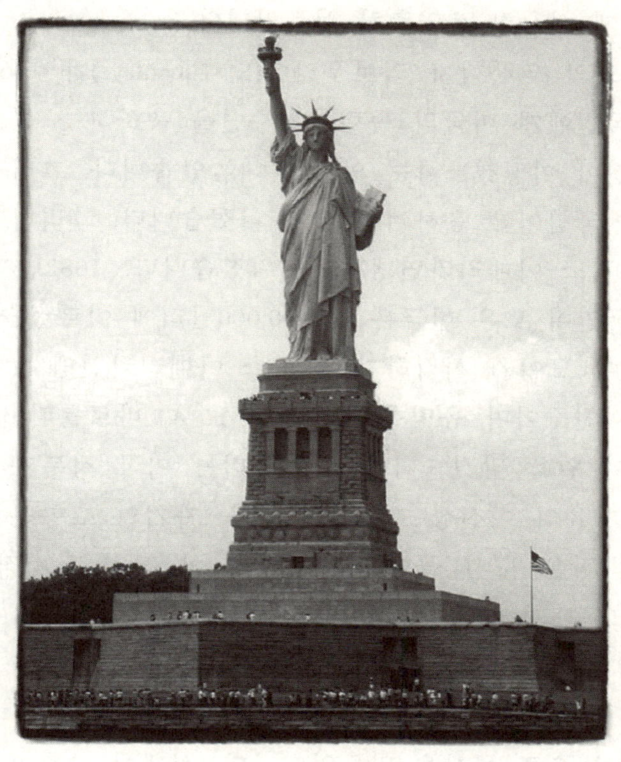

여러분은 사랑하는 가족이나 친한 친구에게 정성을 담은 생일선물을 한 일이 있습니까? 또는 선물을 받은 일이 있나요?

대서양에서 뉴욕 항구로 들어오는 입구 리버티 섬에 자유의 횃불을 들고 우뚝 서있는 자유의 여신상은 미국의 독립 100주년을 기념하여 프랑스 국민이 성금을 모아 미국 국민에게 선사한 생일축하 선물입니다.

프랑스의 역사학자 라보우라이(E. Laboulaye)가 1865년 프랑스 국민에게 미국의 독립 100주년을 축하하는 선물을 보내는 것이 어떻겠느냐는 의견을 내놓았습니다. 그러자 많은 프랑스 국민이 호응하여 모금에 나섰습니다. 그리하여 1875년 '프랑스-아메리카연맹'이 세워졌습니다. 1882년까지 프랑스 국민이 모은 헌금은 약 400,000달러에 이르렀습니다.

기금이 모이기 시작하자 '프랑스-아메리카연맹'은 라보우라이의 친구이며 유명한 조각가인 F. A. 바르톨디(Bartholdi)에게 이 일을 맡겼습니다. 바르톨디는 미국 정부와 협의를 거쳐 '자유의 여신상'으로 결정되자, 자기의 고향인 프랑스 동부의 작은 도시 꼴마(Colmar)에서 이 작업을 시작하였습니다. 그는 자기의 모친을 모델로 자유의 여신상의 몸체를 만들기 시작하였습니다.

그는 몸체를 여러 부분으로 나누어 제작하여 하나로 합치는 방법으로 동상을 만들었습니다. 설계에 맞추어 두꺼운 구리판(銅版) 214개를 만들었습니다. 제작이 완료되자 1884년에 그것들을 맞추어 현지에 세울 원형을 완성했습니다. 이것을 만드는데 소요된 동판의 총 무게는 225톤에 이르렀다고 합니다.

그는 원형을 해체하여 1885년 미국으로 가는 배에 실었습니다. 배는 대서양을 건너 뉴욕 항구의 입구에 있는 베들로스 섬에 짐을 풀었습니다.

한편 미국 사람들도 참여하여 250,000달러를 들여 베들로스 섬에 여신상을 세울 대좌 공사를 완성하였습니다.

그래서 그 대좌 위에 프랑스 국민이 보낸 선물인 여신상을 원형대로 견고하게 세웠습니다.

드디어 미국 독립 100주년이 되는 1886년 10월 28일 미국의 제22대 C. A. 클리블랜드 대통령이 프랑스 국민이 선물한 자유의 여신상 봉헌식(奉獻式)을 거행했던 것입니다.

자유의 여신상의 높이는 152피트(46.33m)입니다. 이것은 159피트(48.46m) 높이의 대좌(臺座) 위에 견고하게 세워졌습니다.

대좌 내부에는 엘리베이터가 설치되어 있어 관광객은 대좌 윗면에 올라갈 수 있습니다. 여신상 내부는 공간으로 되어 있는데, 여기에는 나선형(螺旋形)으로 된 좁은 사다리가 설치되어 있습니다. 사람들은 이것을 이용하여 동상의 머리 내부에 설치된 망대(望臺)에 올라가 창문을 통하여 맨해튼의 높은 건물 숲들과 전경을 볼 수 있습니다.

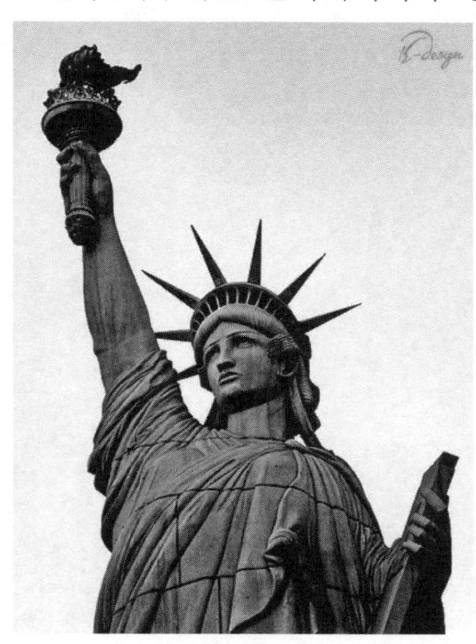

자유의 여신상 상체 부분

자유의 여신상의 왼

손에는 1776년 7월 4일의 날짜가 적힌 독립선언서가 들려 있으며, 오른 손으로는 하늘 높이 횃불을 들어 '자유'가 미국의 건국이념임을 과시하고 있습니다.

베들로스 섬은 1956년에 리버티 섬으로 개칭되었습니다. 자유의 여신상(Statue of Liberty)의 원래 이름은 '자유는 세계를 계몽한다'(Liberty Enlightening the World)입니다. 미국의 건국이념인 '자유'가 온 세계를 깨우치게 한다는 뜻으로, 자유가 온 세계에 퍼지기를 강조하고 있습니다.

자유의 여신상은 매년 약 200만 명이 찾아오는 세계 관광명소의 하나가 되었습니다.

4. 종이(紙) 발명 이야기

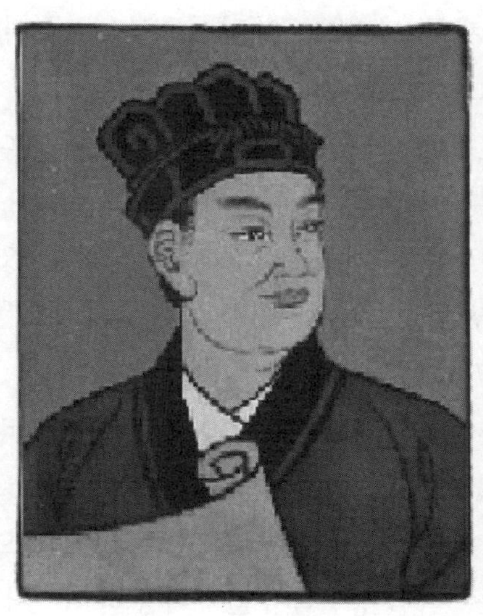

중국의 고대국가인 주(周) 나라, 은(殷) 나라의 유물에 거북등이나 짐승의 뼈에 그림이나 글자를 기록한 것이 전해오고 있습니다. 이것을 갑골문(胛骨文)이라고 합니다. 종이가 없었던 시대였기 때문입니다.

세월이 더 흐른 후 사람들이 얄팍하게 깍은 대(竹) 조각이나 나무 조각에 글자를 썼던 유물이 전해오고 있습니다. 글자 수가 많은 것은 조각의 위아래에 구멍을 뚫어 노끈으로 꿰서 보관하였습니다. 이것을 죽간(竹簡) 또는 목간(木簡)이라 했습니다. 이밖에 비단이나 동물의 가죽에 글자를 쓴 것이 전해오고 있습니다.

인류 역사에서 종이의 발명만큼 놀라운 업적은 없었습니다. 지금으로부터 약 1900여 년 전인 104년에 후한(後漢)의 차이룬(蔡倫. 채륜)이라는 사람이 처음 종이를 만들었다는 기록이 전해오고 있습니다.

차이룬은 정부에서 문서를 다루는 관리였다고 합니다. 그러면 차이룬은 어떻게 종이를 만들었을까요? 아쉽게도 종이 제조방법에 대한 기록은 전해오지 않고 있습니다.

다만 그가 만든 종이에 대한 기록 중에 뽕 종류 나무껍질의 섬유로 만들었다는 것이 밝혀졌습니다.

추측컨대 뽕나무 속껍질을 벗겨 잘게 잘라 도구로 두들깁니다. 이것을 물에 풀어 섬유 용액을 만들고, 가는 대(竹)발로 얇게 건져 말리는 순서로 만들었던 것으로 보입니다.

어떻든 그는 식물성 섬유를 이용하여 처음으로 종이를 만들어 왕에게 바쳤다는 기록이 전해오고 있습니다. 그 후 더 개량을 거듭하여 마침내 좋은 종이를 만들게 된 것으로 보입니다.

중국에서 만들어진 종이는 당나라 때에 전세계 여러 나라로 전파되어 나갔습니다. 종이는 상인들에 의하여 서쪽으로 실크로드를 통하여 당시 중앙아시아의 큰 시장이었던 우즈베키스탄 사마르칸트에 전해졌습니다.

그곳을 왕래하던 아랍 상인들은 종이를 만드는 비밀을 배워 사용하였습니다. 상술이 능했던 아랍 상인들의 대상(隊商)은 아프리카 북부 전역도 왕래했는데, 지브롤터를 통하여 종이를 스페인에 전했습니다. 이렇게 하여 종이제조법

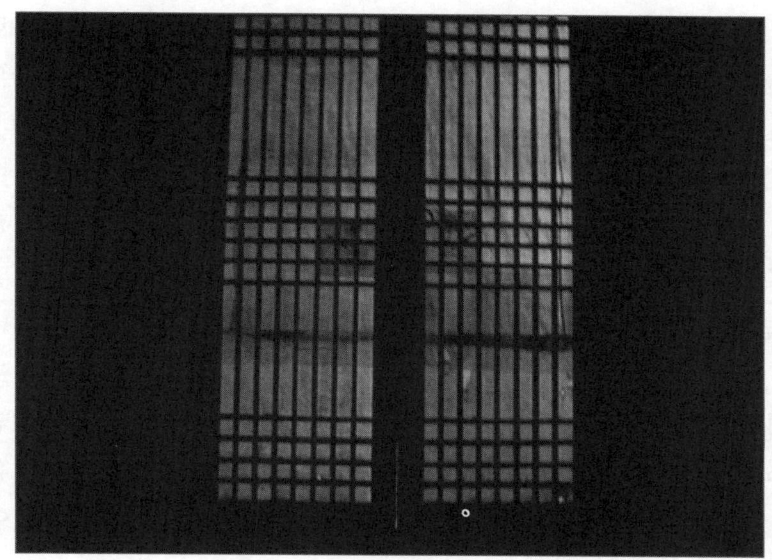

창호지문

은 전 유럽으로 알려지게 되었습니다.

우리나라에는 삼국시대에 종이의 제조법이 전해졌습니다. 그 기술은 백제를 통하여 일본에도 전해졌습니다.

우리나라에서는 닥나무(뽕나무과) 속껍질을 이용하여 양질의 종이를 만들었습니다. 먼저 닥나무 바깥 껍질을 제거하고 속껍질을 벗겨 적당한 크기로 잘라서 절구에 찧어 물속에 잘 풀어지게 합니다. 이것을 가마솥에 넣고 끓이면 섬유질의 액체가 만들어집니다. 이것을 가는 대로 만든 발로 적당량 떠서 말리면 양질의 한지(韓紙)가 만들어집니다.

종이를 영어로 '페이퍼(paper)'라고 하는데 이것은 고대 이집트에서 사용한 파피루스(papyrus)에서 온 말이라고 합니다. 4000년 전 이집트인들은 나일 강변에 무성히 자라는 파피루스 줄기로 파피루스 종이를 만들어 사용하였습니다.

파피루스의 얇은 껍질을 벗겨 풀칠을 하여 가로 세로로 놓고 무거운 물건으로 눌러서 만든 것입니다. 이집트인들은 고대부터 파피루스 위에 글자도 쓰고 그림도 그렸습니다. 그러나 파피루스는 종이가 아닙니다.

유럽에서는 종이가 발명되기 전에 소중한 문서는 양가죽으로 만든 양피지 위에 글을 썼습니다. 종이의 발명이야 말로 인류문명 발전의 기초가 되었습니다.

지금은 종이 생산의 만능시대가 되었습니다. 1798년에 프랑스 N. L. 로베르가 새로운 제지기술을 발명했습니다. 뒤이어 1830년에는 영국의 포드, 리니어 형제가 펄프를 이용하여 대량으로 종이를 생산하는 기술을 발명하였기 때문입니다.

5. 단돈 720만달러로 구입한 알래스카 주 이야기

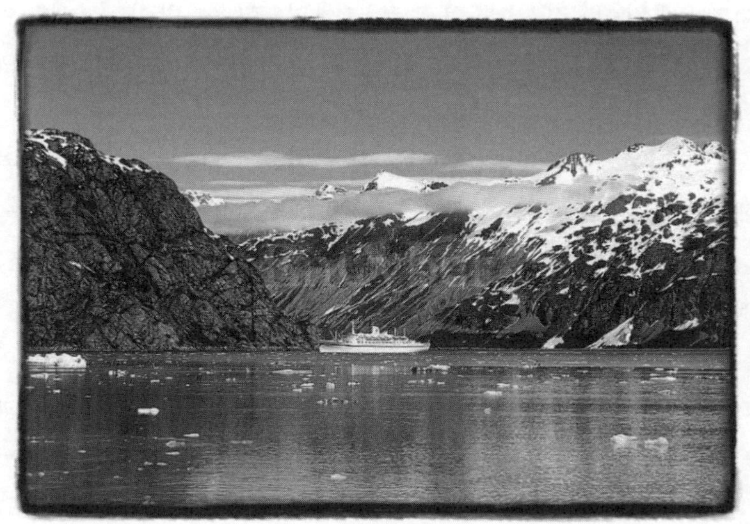

북아메리카 대륙 북서쪽 끝에 위치한 알래스카 주는 처음에는 미국의 영토가 아니었습니다.

알래스카의 주도(州都)는 주노이며, 주 전체 인구는 65만여 명에 불과합니다. 알래스카(Alaska)라는 말은 원주민의 말로 '넓은 땅'이라는 뜻이라고 합니다.

알래스카는 북극해에 가까운 위치에 있어 너무 추워서 농사가 잘 되지 않는 땅입니다. 그러나 베링 해협을 끼고 있는 연해에는 어류가 풍부하여 세계 3대 어장의 하나를 이루고 있습니다. 게, 새우, 대구가 많이 잡히는데, 특히 연어의 생산량은 세계 1위를 차지하고 있습니다.

알래스카는 원래 러시아의 영토였습니다. 덴마크 출생 탐험가 베링이 러시아 표트르 1세의 명을 받아 시베리아를 거쳐 동쪽을 탐험하여 1741년에 발견한 러시아의 땅이었습니다.

러시아는 넓은 영토를 가지고 있는 강대국이었으나 북쪽에 위치하고 있어 언제나 겨울철에도 얼음이 얼지 않는 바다를 갖는 것이 소원이었습니다. 그래서 항상 남쪽으로 내려가려고 하는 정책을 써왔습니다.

그런데 1854~56년에 흑해의 주변 국가인 오스트리아, 터키 등의 연합군과 '크림전쟁'이 일어났습니다. 전쟁에 패한 러시아는 그 비용 마련에 큰 어려움을 겪고 있었습니다.

당시 미국 링컨 정부의 국무장관이었던 시워드(Seward)는 이 사정을 알고 단돈 720만 달러를 주고 불모의 땅인 것을 알면서도 알래스카를 매입하였던 것입니다.

그러자 미국 국민들은 "미국으로부터 그렇게 먼 곳에 위치하고 있으며 농사도 지을 수 없는 쓸모없는 황무지를 너무 비싸게 샀다."고 비난하고 나섰습니다. 장래를 위하여 잘 구입했다는 말은 없고 '시워드의 바보짓'(Seward's Folly)이라고 비웃는 여론이 들끓었습니다.

당시 미국도 4년이나 계속된 남북전쟁으로 재정이 넉넉치 못했으나 남북전쟁이 승리로 끝난 후여서 비난 여론은 곧 수그러들었습니다.

실제로 미국이 알래스카를 구입한 금액은 1에이커(1,224

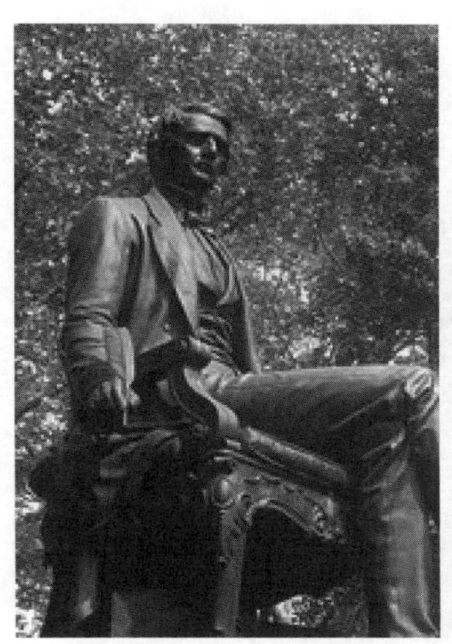

알래스카를 사들인 시워드 동상

평)당 2센트의 아주 헐값이었습니다.

알래스카의 면적은 약 153만 km^2에 이르러 남북한을 합한 면적의 8배에 해당하는 넓이입니다. 그러나 1년 중 8개월은 추운 날이 계속되는 지역이어서 실제로 농사는 지을 수 없는 땅입니다. 그러나 저지대에는 한대식물이 울창하게 자라고 있습니다. 그리고 산림계곡에는 순록 등 모피동물이 많이 서식하고 있습니다. 그리고 지하에는 많은 광물이 매장되어 있습니다.

교통이 발달한 오늘날의 알래스카는 전혀 멀지도 않고 불편하지도 않게 되었습니다. 오히려 대륙 간 교통의 요지가 되었습니다. 특히 군사적 가치는 이루 말할 수 없이 크다고 합니다.

전쟁도 없이 미국이 아주 헐값으로 러시아로부터 사들인 땅덩어리가 알래스카입니다.

알래스카는 그동안 준(準) 주로 지내다 1959년에 미국의 49번째 주가 되었습니다. 면적은 가장 넓으나 인구는 가장 적은 주입니다.

6. 에펠탑 이야기

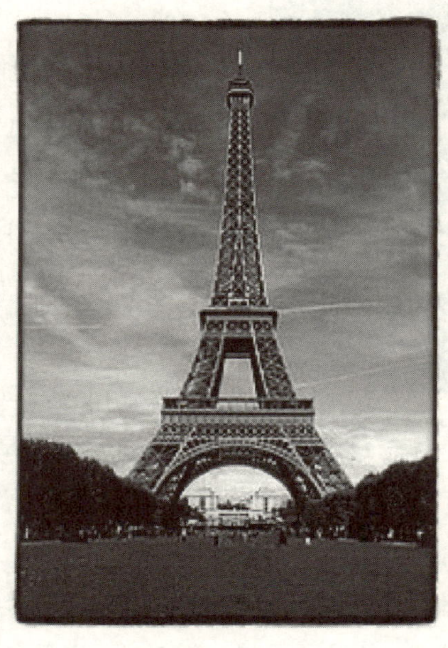

프랑스는 대대로 왕이 나라를 다스리는 군주국이었습니다. 지금부터 약 200여년 전에는 루이 16세라는 절대 군주가 프랑스를 다스리고 있었습니다. 그러다가 1789년 7월 14일 일어난 시민혁명의 성공으로 군주가 다스리던 정치가 무너지고 자유와 평등을 기본 이념으로 하는 민주공화국이 세워졌습니다.

에펠탑(Eiffel Tower)은 그 프랑스 혁명 100주년을 기념하여 1889년에 개최된 '파리 만국박람회'의 기념물로 세워졌습니다. 이 탑은 프랑스의 유명한 철근 건축가 알렉산드르 에펠이 2년 2개월 동안 건립하였습니다.

그는 이것 말고도 프랑스 동남부 해안도시인 니스에 있는 움직이는 전망대 돔을 만들었으며, 뉴욕 항구 리버티 섬에 우뚝 서있는 자유의 여신상의 내부 철제 틀(격자)도 만들었습니다. 그러므로 자유의 여신상은 에펠이 만든 내부 철제 격자 위에 동판을 붙여서 만든 것입니다.

에펠은 철제 격자틀을 높이 쌓아올려 타워의 모양이 파리 어는 곳에서도 볼 수 있게 높이 320m의 에펠탑을 건축하였습니다. 이 타워를 세우는데 모두 7,300톤의 철재가 들었습니다.

모두 3층으로 되어 있는데 아래층의 높이는 58m, 중간층의 높이는 116m, 꼭대기층의 높이는 276m입니다.

일반관광객은 엘리베이터를 타고 중간층 조망대까지 올라가 아름다운 파리 시가지 전경을 사방으로 바라볼 수 있습니다. 그리고 꼭대기에 있는 과학실험실까지는 에스컬레이터가 설치되어 있습니다. 3층 실험실에는 기상학자들이 근무하고 있습니다. 이곳에서는 기온, 기류, 풍속, 구름, 강수량 등 기상상황을 낱낱이 측정하고 있습니다. 또 매일 정한 시간에 맞추어 우주공간으로 무선방송을 내보내고 있습니다.

에펠탑은 파리 시가를 흐르는 세느(Seine) 강 언덕에 높이 솟아있어 시내 어디서나 볼 수 있습니다,

에펠탑은 당시의 금액으로 100만 달러가 들었는데 정부

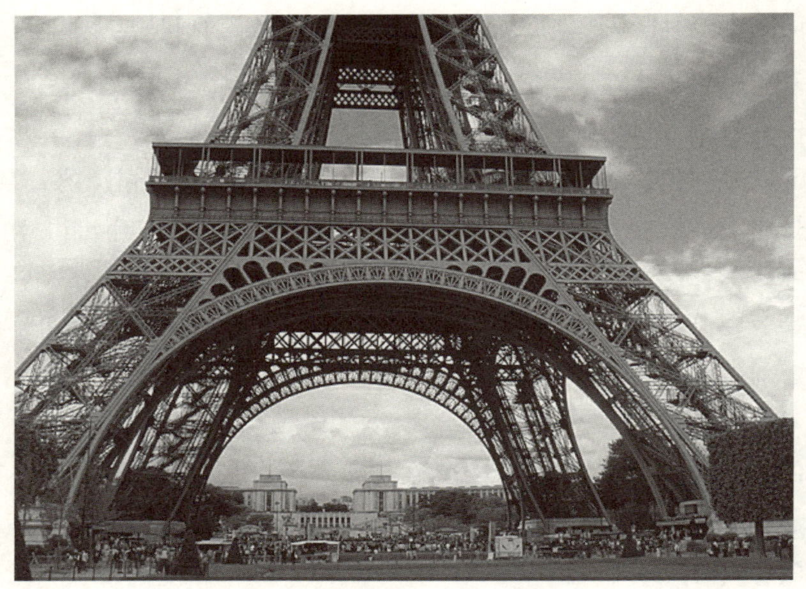

에펠탑의 아래층

에서는 그 금액의 1/3만 대어주었습니다. 그래서 에펠은 빚을 내서 공사를 완성하였습니다.

에펠탑이 완성되자 만국박람회 기간은 물론 그 후에도 이것을 구경하러 오는 관람객이 예상 외로 많았습니다. 지금은 파리의 상징물이 되었으며 세계적인 명물이 되었습니다. 에펠탑이 없는 파리는 생각할 수 없을 만큼 명물이 되었습니다. 에펠은 20년간의 입장료를 받아 빚을 다 갚았다고 합니다.

처음 에펠탑을 세우려는 계획이 알려지자 찬성하는 사람도 있었으나 자연 훼손을 주장하는 환경론자들을 중심으로 반대하는 여론이 더 많았다고 합니다. 그러나 프랑스혁명 100주년을 축하하는 만국박람회의 기념물을 만들기로 정해져 있어 반대를 무릅쓰고 용기를 내어 세웠다고 합니다.

반대론자의 한 사람인 프랑스의 유명한 시인 베를렌은 에펠탑이 건립된 후에도 그것이 보이지 않는 골목길로만 다녔다고 합니다. 그러나 에펠탑은 건립 반대론자들이 주장한 자연 훼손은 생기지 않았습니다. 오히려 많은 사람들이 모여드는 관광명소가 되자 에펠탑은 파리의 자랑거리로 변했다고 합니다.

에펠탑은 개선문이나 루브르 미술관 등 다른 역사적 볼거리와 함께 없어서는 안 될 파리의 보물이 되었습니다. 에펠탑을 찾는 관광객은 100년이 지난 지금도 매일 수천 명에 이른다고 합니다.

파리의 에펠탑이 얼마나 부러웠던지 일본은 이것을 모방해서 1958년 도쿄 한 복판에 높이 333m의 철제 도쿄 타워를 세웠습니다. 그리고 이 타워에서 도쿄 전경과 멀리 후지산(富士山)을 볼 수 있다고 자랑하고 있습니다.

7. 원자력 발전소(原電) 이야기

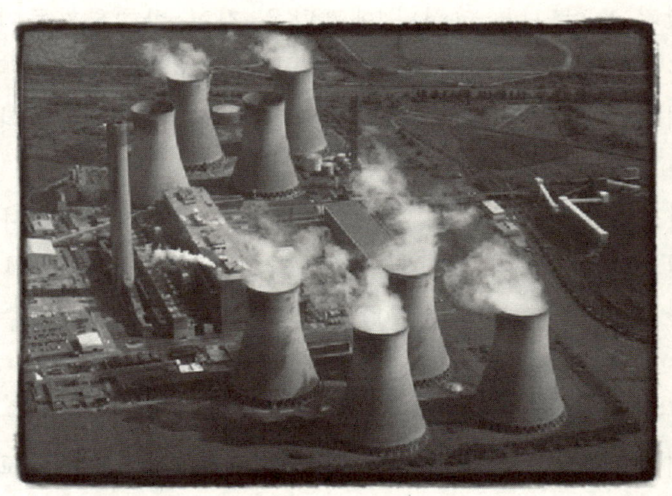

인류는 고대에 구리(Cu)에 이어 쇠붙이(철, Fe)를 발견했을 때 먼저 창을 만들고, 나중에 호미와 밭을 가는 보습을 만든 슬픈 역사를 가지고 있습니다.

현대에 와서도 인류는 원자력을 개발하여 먼저 원자폭탄을 만들어 많은 사상자를 낸 후에야 이것을 평화적으로 이용하고 있으며, 아직도 그 핵무기를 버리지 못하고 있습니다.

그러나 개발 처음부터 원자력을 평화적으로 이용하려고 힘써온 사람도 있었습니다. 이탈리아의 엔리코 페르미(E.

Fermi) 교수가 그 중의 한사람입니다.

원자력의 막대한 에너지에 대해서는 벌써 1905년 아인슈타인이 그의 '특수상대성이론'에서 그 가능성을 언급하였습니다.

그에 의하면 원자에서 얻어지는 에너지는 '$E=mc^2$'의 식으로 표시된다고 발표했습니다. (참고 E: 에너지, m: 질량, c: 광속도, 30만km/초) 이 가공할 에너지는 실제로 1945년 8월 일본 히로시마와 나가사키에 투하된 원자폭탄의 폭발로 입증이 되었습니다.

그러면 인간은 그 가공할 원자 에너지를 어떻게 얻을 수 있었을까요? 인공적으로 농축 우라늄(U-235)의 핵을 분열시켜서 얻었습니다.

원자의 구조는 중심에 양(+)전기를 띤 핵이 있고, 음(-)전기를 띤 전자들이 그 주위를 돌고 있어서 전기적으로는 중성입니다.

그런데 핵 속에는 양(+)전기를 띤 양성자 이외에 전기적으로 중성인 중성자 등이 있었습니다. 이 중성자가 핵분열에서 매우 중요한 역할을 하고 있음이 밝혀졌습니다.

지금 고속의 중성자가 한 우라늄(U) 핵을 포격하면 핵이 분열되면서 그 속에 있는 많은 중성자가 튀어나갑니다. 그 중성자들이 또 다른 핵들을 포격하여 더 많은 핵들을 분열시킵니다. 이렇게 하여 연달아 핵분열이 일어나는데, 이것을 핵분열의 '연쇄반응'이라고 합니다. 이때 막대한 원자 에너지, 즉 열이 생기게 됩니다.

이 핵분열의 연구를 주도한 사람은 독일의 핵물리학자 오토 한(O. Hahn) 교수였습니다. 1930년대에 그는 F. 슈트라스만, J. F. 졸리오 퀴리, L. 마이트너 교수 등과 함께 핵분열의 연쇄반응 연구를 주도했습니다.

한편 카이저 빌헬름협회에서 오토 한 교수와 같이 핵분열 연구에 참여했던 엔리코 페르미 교수는 유대계 L, 마이트너 여사가 미국으로 떠난 후 파쇼정권을 피하여 1938년에 미국으로 망명하여 시카고대학에서 연구하고 있었습니다.

그는 1942년 12월 시카고대학 축구경기장에 연구용 원자로를 세우고 핵분열에 의한 에너지 개발연구에 들어갔습니다.

그는 그의 고안물(원자로)을 파일(pile)이라고 불렀습니다. 흑연이 들어 있어서 볼타전지(pile)에서 따온 이름으로 여겨집니다.

그는 천연우라늄(U-238)과 농축우라늄(U-235)의 비율을 14:1로 섞은 연료봉을 흑연 속에 내장하였습니다.

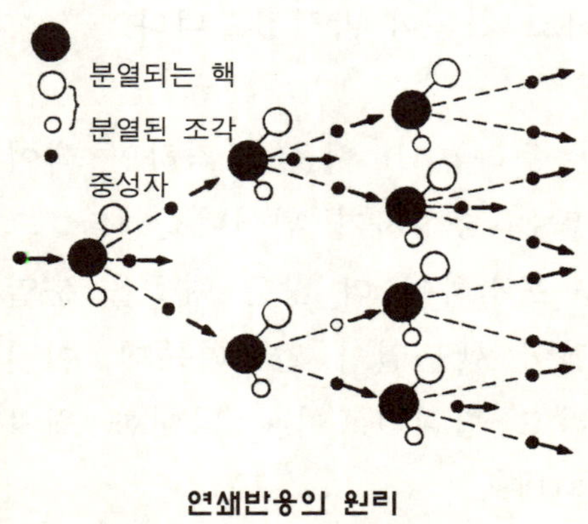

연쇄반응의 원리

작동하는 원리는 이 파일(원자로)에서 한 중성자가 우라늄 핵을 포격하면 그 것이 분열되면서 연쇄반응이 일어나게 됩니다. 그러면 계속 핵분열이 일어나 원자로는 가동을 시작합니다.

여기서 흑연은 중성자의 속도를 줄여서 우라늄의 핵분열이 천천히 일어나게 하는 감속재(減速材) 역할을 하게 됩니다. 그러나 흑연만으로는 과도하게 일어나는 핵분열을 막을 수가 없었습니다.

그래서 파일 속에 카드뮴(Cd) 봉을 넣어 이것을 상하로 움직여 핵분열이 적절하게 일어나도록 제어하는데 성공했습니다. 카드뮴 봉을 제어봉(制御棒)이라고 합니다.

이렇게 하여 그는 파일(원자로)에서 우라늄 핵분열에 의한 에너지, 즉 열을 얻는데 성공했습니다.

그러나 방사능 오염의 위험이 있어 그 열로 직접 수증기를 만들어 증기 터빈을 돌릴 수는 없었습니다.

그래서 그 열을 열교환기로 보내 거기서 물을 끓여 얻은 고압 수증기로 증기 터빈을 돌렸습니다. 그러면 증기 터빈에 연결된 발전기에 의하여 전력을 얻게 됩니다.

페르미 교수는 파일대신 원자로(reactor)라는 말을 쓰기 시작했습니다. 이렇게 하여 인류는 원자핵 속에 숨어있는 그 막강한 원자력을 일상생활에서 이용하게 되었습니다. 그러나 페르미의 원자로는 재래식 모델로 남았습니다.

제 2차 세계대전이 끝난 후 핵공학이 발달되면서 경제적인 원자로들이 개발되기 시작했습니다. 이렇게 하여 효율적인 원자로가 많이 등장하였습니다.

1945년 독자적으로 원자로 연구에 들어간 영국은 사용된 우라늄 연료보다 더 많은 핵연료를 생산하는 고속증식로(高速增殖爐)를 스코틀랜드에 세웠습니다.

또 미국은 1961년에 100만kW급의 전력생산 전용 원자로

FBR-1를 개발하였습니다.

이제 세계는 원자력발전소 즉 원전시대가 되었습니다. 2008년 현재 40개국이 각자의 고성능 원자로로 전력을 생산하고 있습니다.

우리나라는 2008년 현재 20기(基)의 원자력발전소를 가동하고 있는데, 연간 총 전력생산의 35.6%인 9616만kW의 전력을 생산하여 세계 6위권의 원자력발전소 선진국이 되었습니다. 앞으로 수년 내에 이 비율을 50%까지 끌어올릴 계획이라고 합니다.

보도에 의하면, 현재 전력 1kw/h를 생산하는데 드는 비용이 원자력은 40원, 수력은 86원이며, 화력은 50~205원, 태양광은 500원이라 합니다.

8. 아르키메데스의 금관 이야기

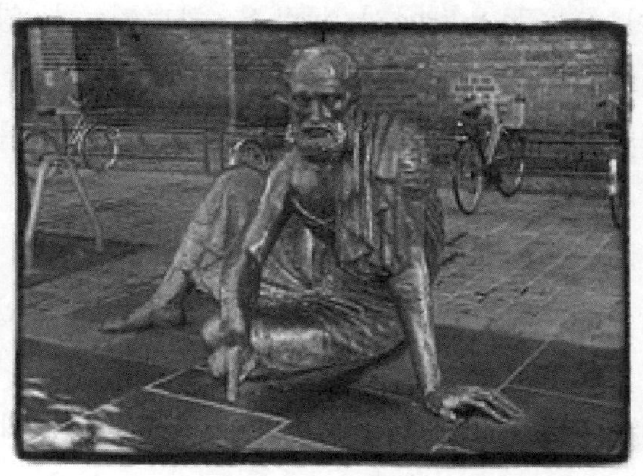

아르키메데스는 기원전 2세기에 살았던 그리스의 위대한 수학자이며 과학자였습니다. 그는 이탈리아 서남쪽에 위치한 시칠리아 섬 시라쿠사에서 살았습니다. 이 섬은 로마에서 비교적 가까운 거리에 있었으나 멀리 동쪽에 위치한 문명국 그리스에 속했습니다. 그는 시라쿠사의 헤론(Hieron) 왕과는 같은 동족이며 친구 사이였습니다.

헤론왕은 자기가 쓰고 있는 금관이 분명 순금이 아닐 것이라고 의심하고 있었습니다. 그래서 아르키메데스에게 그가 쓰고 있는 왕관이 순금으로 만든 것인지 조사해달라는 부탁을 했습니다. 그러면서 금관에는 조금의 손상도 있어서는 안 된다고 말했습니다.

아르키메데스는 고민에 빠졌습니다. 이 수수께끼를 어떻게 풀 수 있을 것인가? 나날이 걱정이 되어서 잠을 잘 수가 없었습니다.

그는 어느날 목욕탕에서 목욕을 하다가 한 영감이 떠올랐습니다. 그것은 자기가 목욕탕 물속에 몸을 담글 때 가벼워지는 느낌을 받았던 것입니다. 그래서 그 이유를 알아냈습니다.

그것은 목욕탕 물에 자기 몸을 담글 때 넘쳐 흐른 물의 양만큼 자기 몸 무게가 가벼워지는 것을 깨달았던 것입니다.

그 이유를 깨닫자 그는 목욕을 하다말고 "유레카, 유레카(eureka, 알았다)"라고 외치며 왕에게 이 소식을 전하려고 시라쿠사 거리를 뛰어갔다는 일화가 전해오고 있습니다.

그때 그가 목욕탕 물속에서 깨달은 이치는,

"어떤 물체나 물속에 잠기면 그 물체가 내보낸(배제한) 물의 양만큼 무게가 가벼워진다." 는 것이었습니다. 이것을 '아르키메데스의 원리'라고 합니다. 그는 이 원리를 통하여 헤론 왕의 금관이 순금으로 되어 있는지 알 수 있었습니다.

그는 먼저 금관의 무게를 정확하게 측정했습니다. 그리고 금관과 꼭 같은 무게가 나가는 순금을 준비했습니다. 그리고 금관이 잠길만한 그릇을 준비하여 물을 가득 채웠습니다.

먼저 그 그릇에 금관을 잠기도록 넣어 흘러나온 물의 양을 측정했습니다. 다음에 다시 그릇에 물을 가득 채우고 순금덩이를 넣어 흘러나온 물의 양을 측정하였습니다.

그랬더니 순금덩이를 넣었을 때 흘러나온 물의 양이 금관을 넣었을 때 흘러나온 물의 양보다 적었습니다. 이렇게 하여 헤론 왕의 금관에는 다른 금속이 섞여 있었음이 밝혀졌습니다.

모든 물질은 자체의 질량이 있습니다. 예를 들면 구리(63.546)는 무거운 물질입니다. 그런데 은(106.868)은 구리의 거의 2배의 질량을 가지며, 금(196.967)은 구리의 3배의 질량을 가집니다.(괄호 속은 비중)

그러므로 금관에는 금보다 값이 싼 은을 섞어 만들어 부피가 더 컸던 것입니다. 이렇게 하여 임금이 쓰고 있던 금관은 순금이 아니었음을 밝혀냈던 것입니다.

아르키메데스는 후세에 아주 많은 업적을 남긴 수학자였으며 과학자였습니다.

처음으로 원주율(π)의 근사 값을 계산했으며, 나아가 원의 면적을 계산하였습니다. 뿐만 아니라 구(球)와 원기둥의 부피도 계산하였습니다. 이와 같은 연구 내용이 적혀 있는 '방법(The Method)'이라는 기록물이 적힌 양피지가 1906년에 발견되었습니다.

그러나 이 위대한 수학자의 말년은 행복하지 못했습니다. 당시의 강자 로마와 카르타고 사이에 포에니 전쟁이 일어났던 것입니다.

그는 카르타고 편에 서서 로마군에 대항하였습니다. 그는 평소에 연구해 두었던 '지렛대'와 '복합 도르래'를 이용하여 시칠리아 섬을 침공해오는 로마 함정의 접근을 물리치게 하였습니다. 공중으로 돌을 던지는 투석기(投石機), 멀리까지 창을 날려 보내는 투창기(投槍機), 석궁(石弓) 등 과학무기로 로마 함정의 접근을 막았던 것입니다.

그러나 뒤이어 일어난 제2차 포에니 전쟁(BC 212년)에서 로마군은 시칠리아 섬을 점령하고 말았습니다.

전쟁이 끝난 줄도 모르고 집에서 수학문제를 푸는데 여념이 없었던 노학자에게 한 로마 병사가 다가와 항복하라고 소리쳤습니다.

노학자는 “이 문제를 꼭 풀어야해, 나의 원(圓)에 손대지마!” 라고 말하자 무식한 병사는 그 자리에서 그 학자를 찔러버렸습니다. 그때 아르키메데스는 75세였습니다.

9. 푸코의 흔들이(진자) 이야기

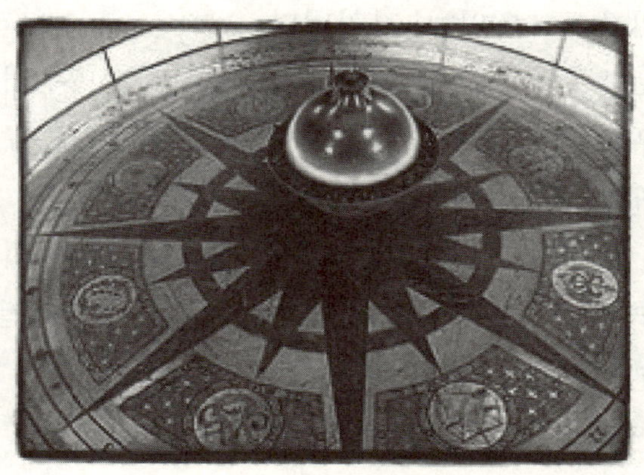

태양은 매일 동쪽에서 떠올라 서쪽으로 집니다. 태양만 그런 것이 아니라 달도 그렇고 수많은 별들도 모두 동쪽에서 떠서 서쪽으로 집니다. 그래서 옛 사람들은 해와 달과 별들이 우리가 살고 있는 지구를 중심으로 돌고 있다고 믿으며 살아왔습니다.

그러나 그것은 크게 잘못된 생각이었습니다. 우리가 맴돌이를 한 번 하면, 우리 주위에 있는 모든 사물(물건)이 우리 주위를 한 바퀴 회전한 것 같아지기 때문입니다.

마찬가지로 우리가 살고 있는 지구가 하루에 한 번 맴돌이(자전)를 하면, 마치 태양이나 달, 별들이 지구 주위를 돈 것과 같아집니다. 조상들은 이 간단한 이치를 깨닫지 못하고 지구가 우주의 중심이라고 믿으며 살아온 것입니다.

태양이나 달, 별들이 지구 주위를 돌고 있는 것이 아니라, 지구가 하루에 한 번식 맴돌이(자전)를 하면서 1년 걸려 태양 주위를 돌고 있는 것입니다.

너무 오랫동안 이 이치를 깨닫지 못하고, 우리 조상들은 지구가 우주의 중심이고 해와 달, 별들이 지구 주위를 돌고 있다고 잘못 생각하며 살아온 것입니다.

그러나 지구의 자전을 알기 쉽게 설명할 방법이 없었습니다. 그러다가 19세기에 들어와서야 지구의 자전을 실험으로 증명한 사람이 있습니다.

1851년에 프랑스의 과학자 푸코(Foucault)는 파리에 있는 한 높은 신전의 돔(dome) 천정에 길이 220피트(약 67m)의 끈으로 추(錘)를 매달았습니다. 그리고 바닥에는 동서남북의 방위판을 그려놓았습니다. 그 방위판 중심 바로 위쪽 천정에 긴 끈을 매달아 흔들이를 만든 것입니다.

그는 아침 6시에 그 흔들이를 남북방향으로 흔들어 놓았습니다. 시간이 흐름에 따라 그 흔들이의 왕복방향이 시계바늘이 도는 방향으로 조금씩 변했습니다.

뉴턴의 운동법칙 중 '관성의 법칙'이 있습니다.

"외부에서 어떤 힘이 가해지지 않는 한, 정지한 물체는 정지한 대로 있으며, 어떤 속도로 운동을 하고 있는 물체는 등속도 운동을 계속한다."는 것입니다.

따라서 한번 운동을 하고 있는 물체의 방향은 변하지 않는다는 것이 관성의 법칙입니다.

그러면 신전에 설치한 '푸코의 흔들이'는 왜 시간이 흐름

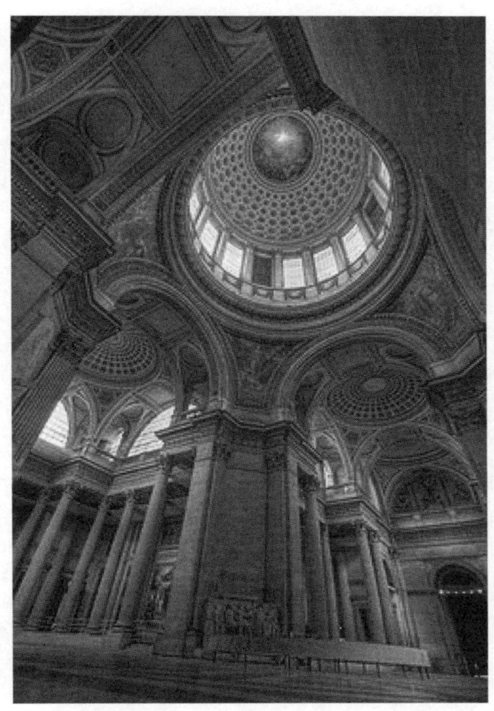
진자 실험을 한 파리의 신전 내부

에 따라 방향이 변했을 까요?

그것은 흔들이의 운동방향은 변하지 않았는데 그동안 지구가 자전을 했기 때문에 마치 푸코의 흔들이 방향이 변한 것같이 보인 것입니다.

이 실험을 통하여 지구가 자전(맴돌이)을 하고 있음을 처음으로 설명한 과학자가 푸코입니다.

파리 시내에 이 소문이 퍼지자 많은 사람들이 '푸코의 흔들이'를 구경하기 위하여 신전으로 모여들었습니다. 이웃나라에서까지 찾아오는 사람들이 많아져 유럽 사회의 화제가 되었습니다.

북극에는 사람이 살지 않습니다. 그러나 이해를 돕기 위하여 지금 북극 지점에 '푸코의 흔들이'를 설치했다고 합시다.

북극에 설치한 '푸코의 흔들이'는 마치 시계와 같이 1시간에 15°씩 시계바늘이 도는 방향으로 돌아가게 됩니다. 그래서 24시간(하루)에 완전히 한 바퀴 돌아가게 됩니다.

그러나 다른 위도의 곳에서는 위치에 따라 흔들이의 회전방향이 적게 나타납니다. 남쪽으로 갈수록 회전도가 점점 작아져서 적도에서는 흔들이의 방향 변화는 전혀 생기지 않게 됩니다.

북위 36° 인 대구에서는 1시간에 약 9° 정도의 방향 변화가 생기는데 더 남쪽에 위치한 제주도에서는 더 작아지게 됩니다.

대구에서는 24시간(하루)에 216° 밖에 돌아가지 않으며 360° (한바퀴)가 돌아가는 데는 40시간이 걸립니다.

우리나라 주요 도시에 있는 교육과학연구원에는 어느 곳에나 푸코의 흔들이가 설치되어 있습니다.

10. 개밥바라기 이야기

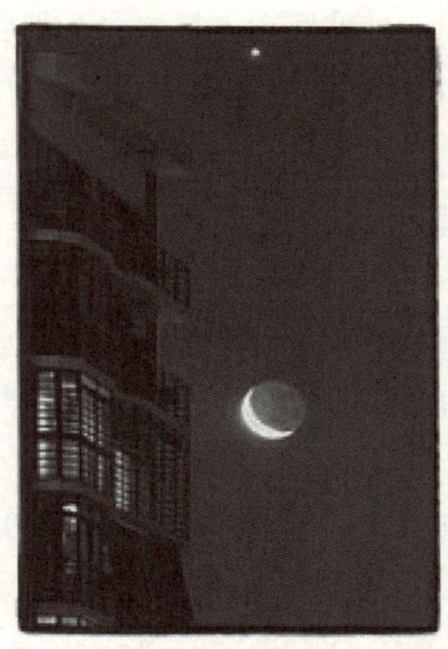

초생달 위에 금성이 보입니다

맑은 날 해가 진 후 어두워지면 서쪽 하늘에 유난히 밝은 별이 나타납니다. 이 별을 조상들은 '개밥바라기'라고 불렀습니다. 농촌 마을 하루가 저물어 온 식구가 저녁을 먹은 후 개밥을 주려고 마당에 나가면 으레 서쪽 하늘에 유난히 큰 별이 다정하게 떠 있었기 때문입니다.

중국 사람들은 이별을 장경성(長庚星)이나 혼중성(昏中星), 태백성(太白星) 등으로 불렀으며 시(詩)나 문장 속에 담았습니다. 동서를 가리지 않고 이 별은 사람 마음에 친밀감을

준 다정한 별입니다.

이 별은 또 새벽 해뜨기 3시간 전 쯤부터 동쪽 하늘에 나타났습니다. 새벽에 먼 길을 떠나는 나그네의 길을 밝혀 주던 천체입니다. 사람들은 이 별을 샛별, 명성(明星) 또는 계명성(啓明星)이라고 불렀습니다.

학문적으로는 금성(金星, venus)이라고 하는데 태양계에서 지구 안쪽을 돌고 있는 지구와 같은 행성입니다,

그래서 금성은 한밤중에는 나타나지 않습니다. 태양에 가까운 위치에서 돌고 있기 때문입니다. 그러므로 해가 지고 3시간 후까지, 또는 해뜨기 전 3시간 전부터 나타나는 별입니다.

태양 주위를 돌고 있는 지구와 같은 별들을 행성(行星)이라고 합니다. 행성은 모두 8개가 있는데 수성(水星), 금성(金星), 지구, 화성(火星)의 순서로 태양의 주위를 돌고 있습니다, 그러므로 금성은 지구의 이웃 별입니다.

금성은 밝기로는 해, 달에 이어 3번째로 밝은 천체입니다. 망원경으로 보면 금성은 달과 같이 크기와 모양이 변하고 있습니다. 몸체가 작기는 하지만 둥글게 차다가 차차 작아져서 눈썹같이 모양이 가늘게 변하는 별입니다.

달이 29.5일을 주기로 만월(둥근달)과 초생달이 되듯이, 금성도 차고(둥글고) 밝아졌다가 거의 보이지 않게 가늘어지기도(기울기도) 합니다.

금성이 가장 크게 보이는 특별 쇼는 19개월을 주기로 일어납니다. 관심을 가지고 관찰하면 이런 '금성의 특별 쇼'가 언제 일어나는지 알 수 있습니다.

예수가 탄생하던 날 새벽에도 '금성의 특별 쇼'가 있었던 것으로 보입니다. 유럽에서 12월 달에 '금성의 특별 쇼'가 일어나면 사람들이 '베들레헴의 별'이 다시 나타난 것이 아니냐고 방송국으로 문의가 빗발친다고 합니다.

'금성의 특별 쇼'가 일어나는 깜깜한 밤에 주의해서 관찰하면 금성의 빛에 의한 그림자가 땅 위에 나타난다고 합니다.

'금성의 특별 쇼'는 금성과 지구의 거리가 가장 가까운 위치에 있을 때 일어납니다. 지구의 1년은 365일이고, 금성의 1년은 224일입니다. 그리고 지구는 초속 30km로 태양 주위를 돌고 있으며, 금성은 초속 35km로 태양 주위를 돕니다. 그래서 금성은 19개월마다 지구를 따라잡아 지구와 금성 사이의 거리가 가장 가까운 위치에 있게 됩니다. 이때를 내합(內合)이라고 합니다. 이 내합 현상이 일어나는 한 달 동안 금성은 가장 크고 찬란하게 보이게 됩니다. 즉 '금성의 특별 쇼'가 일어나는 것입니다.

하늘에는 밝은 별 즉 1등성이 모두 22개가 있습니다. 이 중에서 가장 밝은 별은 큰개 별자리에 있는 시리우스(天狼星, 늑대별)입니다. 그런데 보통 때의 금성은 이 시리우스의 1.5배나 밝게 보입니다. 그러나 금성은 별(항성)이 아니고 지구와 같이 태양 주위를 돌고 있는 행성의 하나입니다.

행성은 태양에서 가까운 순서로 수성, 금성, 지구, 화성, 목성, 토성, 천왕성, 해왕성입니다. 전에는 명왕성도 행성에 포함시켰으나 2006년 이후 퇴출되었습니다.

11. 간헐천(間歇泉, 가이저) 이야기

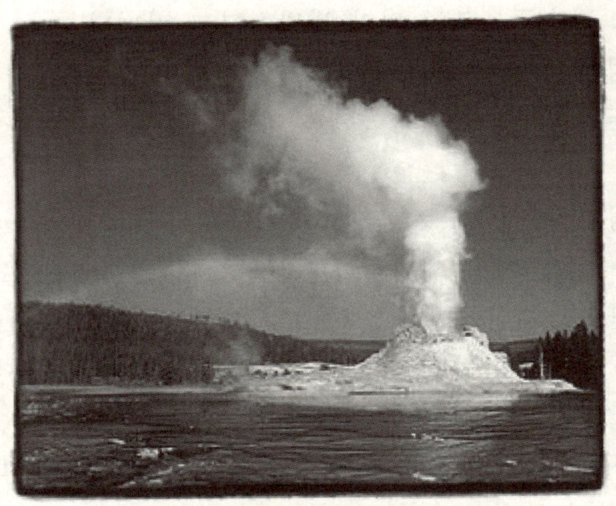

미국 옐로스톤 국립공원의 가이저

미국 중서부에 위치한 와이오밍(Wyoming) 주 '올드 페이스풀(Old Faithful)'은 일정한 간격으로 천연 분수인 간헐천(Geyser)이 분출하는 유명한 관광 명소입니다. 이 간헐천은 평균 65분의 간격으로 수증기가 섞인 뜨거운 물기둥이 30m~ 60m 높이로 하늘 높이 솟아오르고 있습니다.

이와 같이 일정한 간격을 두고 분출되는 온천 분수를 간헐천(間歇泉)이라고 합니다. 흔치 않은 이 놀라운 간헐천의 장관을 구경하기 위하여 미국은 물론 세계 여러 곳에서 모여드는 관광객이 매일 수천 명에 이르고 있습니다.

아무 일도 없는 듯 고요히 있다가 시간이 되면 평지 바위 틈 사이에서 뜨거운 간헐천이 하늘높이 솟아오릅니다. 이로 인해서 주변의 바위는 모두 노란색으로 물들어 있습니다. 옐로스톤(Yellow Stone, 노란 돌)이라는 말이 생긴 이유입니다. 간헐천 속에 유황 성분이 섞여 있어서 그것이 떨어지는 주위의 바위가 황색으로 물든 것입니다.

해발고도 2,000m의 이곳은 화산활동이 활발했던 온천지대입니다. 여기서 멀지 않은 거리에 있는 쇼쇼니(Shoshone)호 주위에는 약 200개의 크고 작은 노천 온천이 볼록볼록 솟아오르고 있습니다.

이 지대에는 고라니, 야생 들소인 버펄로, 사슴, 코요테, 곰 등 야생동물이 서식하고 있어 미국 정부는 1872년에 몬테나, 아이다호, 와이오밍 3주에 걸쳐 '옐로스톤 국립공원'을 지정하였습니다.

간헐천을 영어로 가이저(Geyser)라고 합니다. 1294년에 대서양 북쪽에 위치한 아이슬란드의 게이시르(Geyser)에서 처음으로 하늘로 치솟는 온천 분수를 발견했다고 합니다. 그래서 그곳 지명을 따서 '가이저'라고 부르게 된 것입니다. 그러나 그 간헐천은 1914년 이후 활동을 멈췄다고 합니다.

간헐천은 뉴질랜드 북(北) 섬에 제일 많이 있습니다. 그중 가장 높이 치솟는 간헐천은 350m~459m 높이까지 이른다고 합니다.

그러면 간헐천은 왜 생기는 것일까요? 화산지대에 비가 내리면 땅속으로 스며든 물의 일부가 지구 내부 용암층까지 이를 수 있습니다. 이 물이 용암의 열을 받아 뜨거운 물로 변하여 지상으로 올라오는 것이 온천입니다. 온천은 실제로 세계 여러 지대에 많이 분포하고 있습니다.

그러나 그 뜨거운 온천수나 수증기가 지상으로 올라오다 바위 등 장애물에 통로가 막혀 어떤 공동(空洞)에 모일 수 있습니다. 그것들의 양이 점점 모여 갇히면 압력이 커지다가 어떤 한계점에 이르면 마침내 큰 압력으로 수증기와 함께 뜨거운 물기둥이 되어 하늘높이 분출되는 것입니다. 이것이 간헐천의 장관을 연출하는 것입니다.

분출이 다 끝나면 압력이 작아져 마침내 분출은 멈춥니다. 얼마간의 시간이 지나면 새로 모여 압력이 커져서 다시 분출이 일어납니다.

분출 간격은 수분에서 수십 분에 이르는 여러 가지가 있습니다. 또 높이도 수m의 작은 것으로부터 수십, 수백m까지 높이 치솟는 것도 있습니다. 또 활동이 점점 약해지다 마침내 영원이 사라지는 것도 있습니다.

12. 인도의 화려한 신전 타지마할(Taj Mahal) 이야기

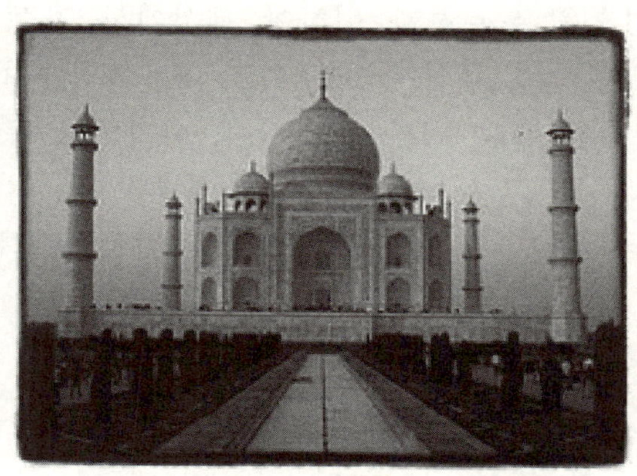

옛날에 인도 북부에 무굴제국(1526~1857년)이 있었습니다. 델리의 동남쪽 약 200km 거리에 있는 아그라(Agra)가 수도였습니다.

무굴제국 제5대왕 샤자한(Shah Jahan)은 당대의 미인 왕후 뭄 타지마할(Mum Taj Mahal)과 왕궁에서 행복한 나날을 보내며 즐겁게 살고 있었습니다. 왕은 그녀 이름의 뭄을 빼고 '타지마할'이라고 불렀는데, 타지마할은 '궁성의 긍지'를 의미한다고 합니다.

그런데 1630년에 뜻하지 않은 불행한 일이 일어났습니다. 샤자한 왕이 자신의 몸보다도 더 극진히 사랑했던 타지마할이 15번째 아이를 낳다가 36세의 꽃다운 나이에 세상을 떠나버린 것입니다.

샤자한 왕의 애통함은 이루 말로 표현할 수 없었습니다. 왕관(王冠)을 내놓고 싶을 정도였습니다. 그래서 왕비 타지마할의 영혼을 위로하기 위하여 세상에서 가장 아름다운 대리석 신전(神殿, 무덤)을 세우기로 마음먹었습니다.

그는 인도는 물론 터키, 페르시아, 아라비아 등지에서 석재(돌)를 잘 다루는 유명한 석공과 인부 2만 여명을 모아 1632년부터 타지마할의 신전 공사를 시작하였습니다.

대리석 석재는 인도 각지의 것이 모자라 멀리 아라비아, 이집트, 티베트 등지에서도 가져왔다고 합니다. 그래서 21년의 긴 세월이 걸려서 1653년에 공사를 완성했습니다. 그 긴 기간 동안 정성을 다하여 건축한 대리석 신전(神殿)이 타지마할입니다.

신전은 한 변의 길이 313피트(95m)의 정4각형 대지에 높이 22피트(6m)의 대리석 기단을 쌓았습니다. 그 위 4귀에는 128피트(39m) 높이의 미나렛(뾰족한 탑)을 세웠습니다.

중앙에는 흰 대리석으로 8면의 돔을 세웠는데 높이가 200피트(61m)에 이르렀습니다. 돔 외면 벽에는 검은색 등 12가지 색의 대리석 꽃무늬 장식을 새겨 넣었습니다. 이것은 코란의 영감에서 온 것이라고 합니다.

또 신전 주위에는 호수를 파서 물위에 비친 신전의 광경이 장관을 이루도록 하였습니다.

샤자한 왕은 야무나 강 맞은편에 왕비의 신전과 꼭 같은

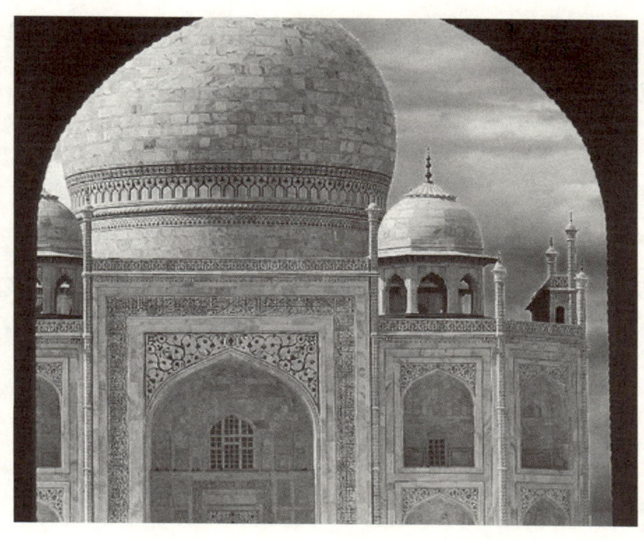

자신의 신전을 검은 대리석으로 지을 계획을 세웠습니다. 그리고 야무나 강에는 은(銀)으로 다리를 놓아 자신이 죽은 후 그 은(銀) 다리를 건너다니며 저세상에서 왕비와 사랑을 계속하기를 바랐다고 합니다.

그런데 타지마할 하나를 짓는 데도 나라의 재정이 거들나는 것을 본 왕자가 부왕을 궁 안에 유폐하고 나머지 공사를 마쳤다고 합니다. 샤자한 왕은 이슬람교를 믿었습니다. 이슬람교는 세상의 종말이 오면 죽은 사람들의 영혼이 알라신의 심판을 받아 되살아난다고 믿었습니다. 샤자한 왕은 젊은 나이에 애통하게 죽은 왕비의 영혼이 알라신의 심판을 받아 다시 살아나서 자신과 이 세상에서 다하지 못한 사랑을 저승에서 다할 수 있도록 이곳에 타지마할의 신전을 지었던 것입니다.

신전의 돔 내부 중앙에 왕비의 관이 안치되어 있습니다.

옆에는 샤자한 왕의 관이 놓여 있습니다. 그러나 시신은 지하에 있는 관안에 있다고 합니다.

13. 파나마 운하(Panama Canal) 이야기

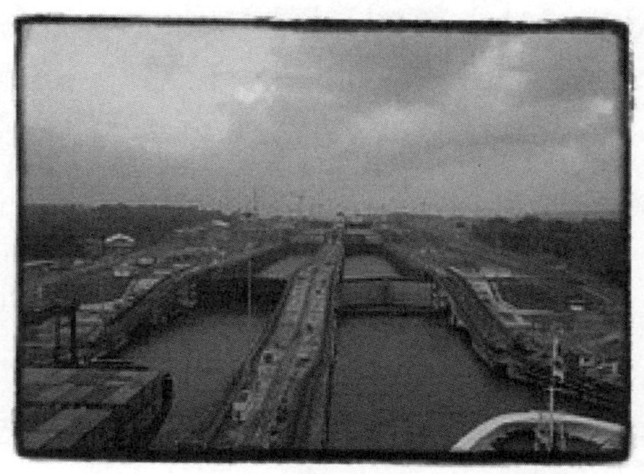

세계지도에서 중앙아메리카의 지형을 보면 마치 개미 허리 모양으로 잘록한 지협(地峽)지대를 이루고 있습니다.

파나마 지대 동쪽 대서양 카리브 해안에 있는 크리스토발 항과 서쪽 태평양 연안에 있는 발보아 항 사이의 거리는 82km에 불과합니다. 여기에 운하를 건설하면 선박이 멀리 남아메리카대륙의 남단을 돌아서 태평양 연안에 이르는 거리 12,874km를 1/148로 단축시키는 지름길을 얻게 됩니다. 그래서 세계 해운업계에서는 일찍부터 이 지협의 운하 건설에 관심을 가져왔습니다.

그래서 1800년 후반부터 여기에 운하를 건설하고자 하는 본격적인 논의가 있었습니다. 제일 먼저 운하공사 계획을 세웠던 나라는 프랑스였습니다. 프랑스는 수에즈 운하와 같은 수평 운하를 건설할 계획을 세웠습니다. 그러나 수평 운하를 건설할 경우 고지로 되어 있으며 굴착 거리가 너무 길어 작업의 난점이 예상되었습니다.

다음 미국이 1903년에 다른 공법 즉 갑문식(閘門式)공법으로 운하 건설에 착수하였습니다. 갑문식으로 운하를 건설하면 땅을 깊이 파지 않고도 건설할 수 있기 때문입니다.

미국은 먼저 파나마 정부로부터 폭 5마일(8km), 길이 50마일(82km)에 이르는 파나마운하 지대(地帶)를 빌리기로 했습니다. 그래서 일시금 1,000만 달러와 매년 25만 달러의 세금을 주기로 하고 이 지대의 자치권과 사용권을 얻어냈습니다. 그래서 1904년에 운하 공사에 착수하였습니다.

먼저 운하 동부지대에 카리브 해로 흘러들어가는 차그레이스 강에 댐을 쌓아 인공호수 카툰 호(湖)를 만들었습니다. 운하의 반은 이 호수를 이용합니다.

그런데 카툰 호의 수위는 카리브 해면보다 26m나 높습니다. 그러면 대서양 카리브 해를 지나온 선박이 파나마운하의 일부를 이루고 있는 카툰 호에 어떻게 오를 수 있을까요? 이때 갑문(閘門, lock)을 이용합니다.

갑문은 너비가 33.5m, 길이 305m이며 높이가 10m 정도의 크기입니다. 갑문은 내문과 외문으로 되어 있습니다.

선박이 열려있는 외문으로 들어오면 외문은 닫치고 내문이 서서히 열립니다. 그러면 내문 안쪽에 갇혀있던 물이 외문까지 차오르는데 그 동안에 선박이 9m 정도 떠오릅니다.

선박이 제1 갑문을 지나면 제2 갑문에 이르고, 같은 방법

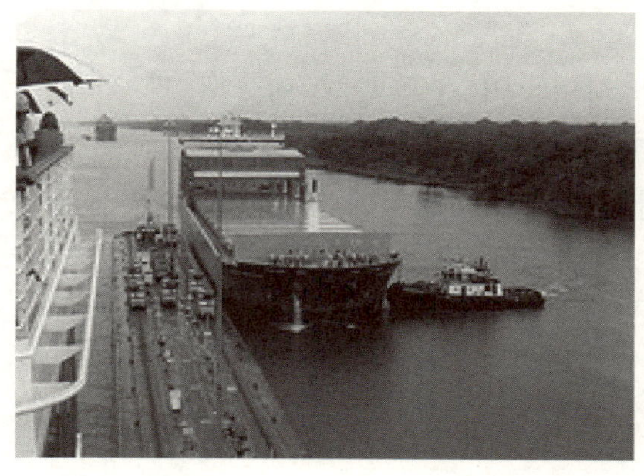

으로 제2문과 제3갑문을 지나면 카튼 호에 오르게 됩니다.

지금 카리브 해를 거쳐 크리스토발 항을 출발한 선박이 파나마 운하를 통과하는 과정을 순서로 적으면 다음과 같습니다.

크리스토발 항구를 출발하여 바다 항로 11km를 가면 제1갑문에 도착합니다. 제1갑문을 지나고 연이어 제2갑문, 제3갑문을 지나면 수위가 26m 높은 '카튼 호'에 이르게 됩니다. 선박은 이 호수를 이용하여 약 40km를 통과하게 됩니다.

그 후 선박은 카튼 호 수위로 구릉을 파서 만든 쿨레브라 굴착 수로 13km를 지나게 됩니다.

그리면 태평양 쪽에서 수위를 낮추는 3갑문과 만나게 됩니다. 선박은 첫 번째 갑문에서 9.5m 내려가고 다음 두 갑문에서 16.5m를 내려가서 태평양 수위에 이르게 됩니다. 여기서부터 태평양쪽 바다항로 13km를 가면 발보아 항에 이르게 됩니다.

파나마 운하는 6,500톤급 이하의 선박만 이용이 허용됩니다. 1년에 약 15,000척의 선박이 통행한다고 합니다. 그리고 선박이 운하를 지나가는데 걸리는 시간은 약 8시간이라고 합니다.

이 운하는 제26대 시어도어 루즈벨트 대통령 때 착공하여 10년 걸려 1914년에 개통되었습니다.

미국 정부는 파나마 정부의 요청에 따라 1967년 9월에 체결한 새 조약에 의하여 1999년 말로 운영권을 파마나 정부에 이양하였습니다.

14. 과학의 아버지 아이작 뉴턴 이야기

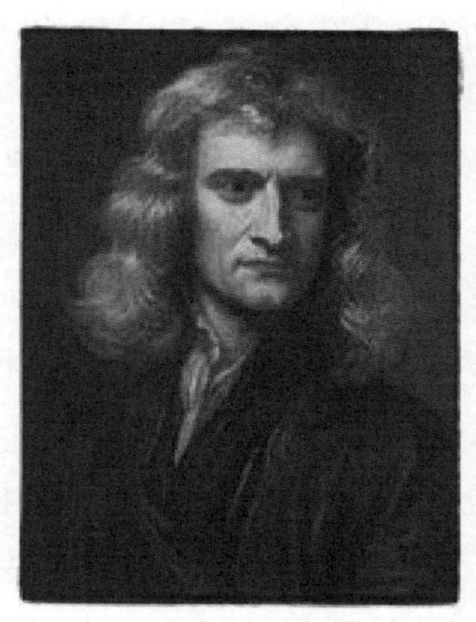

뉴턴(1642~1727)은 1642년 12월 25일 크리스마스 날에 유복자로 태어났습니다. 뉴턴은 잉글랜드 동부지역 링컨셔주 울즈소프 마을의 시골 농가에서 자랐습니다. 3살 때에 어머니는 재가했으나 뉴턴은 극진한 사랑 속에 어린 시절을 평범하게 보냈습니다.

그는 어려서부터 매우 총명했습니다. 그러나 파스칼이나 가우스 같은 수학의 신동(神童)은 아니었으며 수학에 소질이 있어 보이지 않았다고 합니다.

그는 집에서 멀지 않은 그랜섬의 시골학교를 다녔는데, 아이답지 않게 모든 일에 신중했으며 무엇인가 깊은 사색에 잠기곤 했다고 합니다.

그는 말을 타고 학교를 다녔는데 집으로 돌아올 때 고개에 이르면 말에서 내려 걸어서 넘었다고 합니다. 생각이 많은 날은 아예 말을 타지 않고 걸어서 집으로 오는 일이 허다했다고 합니다.

이러한 사색(아이디어)의 습관이 뉴턴으로 하여금 그렇게 많은 놀라운 업적을 후세에 남기게 했는지도 모릅니다. 동서고금을 막론하고 뉴턴만큼 그렇게 많은 뛰어난 업적을 세상에 남긴 과학자는 지금까지 없었으며, 앞으로도 나타나지 않을 것이라고들 말하고 있습니다.

그랜섬 학교를 졸업하자 어머니는 그가 고향에서 농장을 경영하며 같이 살기를 바랐습니다. 그러나 그의 뛰어난 재능을 알고 있던 스토크스 교장은 어머니를 설득하여 1661년 6월에 그를 캠브리지 대학에 진학시켰습니다.

뉴턴은 대학에 들어가서 처음으로 유클리드 기하학을 배웠습니다. 그리고 새로운 수학인 데카르트의 해석 기하학과 천문학을 공부했다고 합니다.

그의 뛰어난 수학적 재능은 재학 중에 학생 신분으로 '2항 정리'를 발표하여 모두를 놀라게 했는데, 그 때 나이가 21세였습니다.

그런데 1665년에 런던, 캠브리지 일대에 악성 전염병(페스트)이 돌아 대학이 1666년까지 휴교가 되었습니다. 그 2년 동안을 뉴턴은 울즈소프의 고향집에서 보냈습니다.

그는 이 기간을 헛되이 보내지 않고 학교에서 습득한 지식을 기반으로 많은 연구 활동을 하여 후세에 큰 업적을 남겼습니다.

사과가 왜 땅으로 떨어지는가? 라는 이유를 깨달은 것도 이때 입니다. 지구와 사과 사이에는 서로 잡아당기는 힘이 있는데, 사과가 지구보다 가볍기 때문에 사과가 무거운 지구 즉 땅으로 떨어진다는 것을 알아낸 것입니다.

다시 말하면 두 물체 사이에는 서로 잡아당기는 힘이 있는데, 이 힘을 '인력(引力)'이라고 합니다. 인력은 세상 모든 물체 사이에 작용합니다. 이것을 만유인력(萬有引力)이라고 합니다.

하늘에 떠있는 모든 별들 사이에도 인력이 작용합니다. 그리고 그 인력 때문에 별들이 떠 있다는 것을 깨달은 것입니다.

물론 지구와 달, 지구와 해(태양) 사이에도 인력이 작용합니다. 그런데 달은 왜 사과와 같이 지구에 떨어지지 않을까요? 그 수수께기를 역학(力學)적으로 설명한 사람이 뉴턴입니다.

쉽게 말하면 달이 지구로 떨어지려는 인력이 달로 하여금 지구 주위를 돌게 하고 있다고 설명한 사람이 뉴턴입니다. 마찬가지로 지구와 태양 사이의 인력이 지구로 하여금 태양 주위를 돌게 하고 있다는 것입니다.

그는 모든 물체 사이에 작용하는 인력의 법칙을 '만유인력의 법칙'이라고 했습니다. 인력을 중력이라고도 하는데 뉴턴은 "중력의 크기는 두 물체의 질량의 곱에 비례하고, 거리의 제곱에 반비례 한다."는 수식(數式)으로 나타내어 서로의 인력 관계를 설명하였습니다.

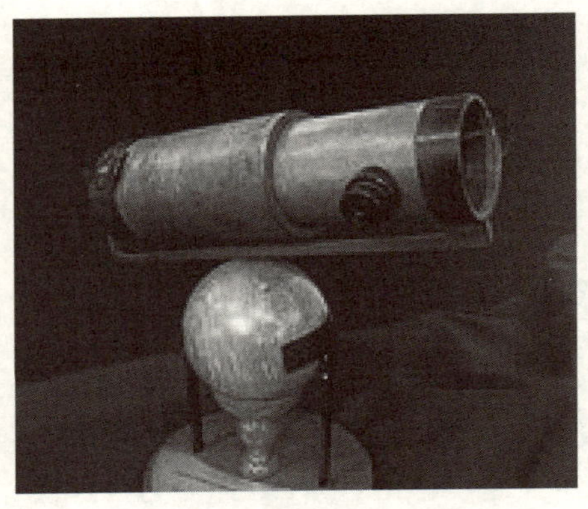
뉴턴이 사용하던 천체망원경

이 얼마나 놀라운 업적입니까? 이와 같은 놀라운 법칙(이치)을 처음으로 세상에 밝힌 사람이 뉴턴입니다.

두 번째 큰 업적은 우리가 고등학교에 가서 배우는 '미분'과 '적분'이라는 고등수학 이론을 처음으로 발표한 일입니다.

21세 때 '2항 정리' 이론을 발표한 후, 그는 더 나아가 무한급수와 도함수 개념을 연구하여 미분과 적분이라는 고등수학 분야를 발명한 것입니다.

이 연구는 캠브리지 대학이 휴교되어 그가 시골 울즈소프의 고향집에서 지내던 1665~67년 사이에 이루어진 것이라고 합니다.

그래서 지금도 울즈소프에 있는 그의 고향집을 찾는 관광객들은 '이 집이 뉴턴 경과 미분, 적분이 태어난 집'이라고 감회에 젖는다고 합니다.

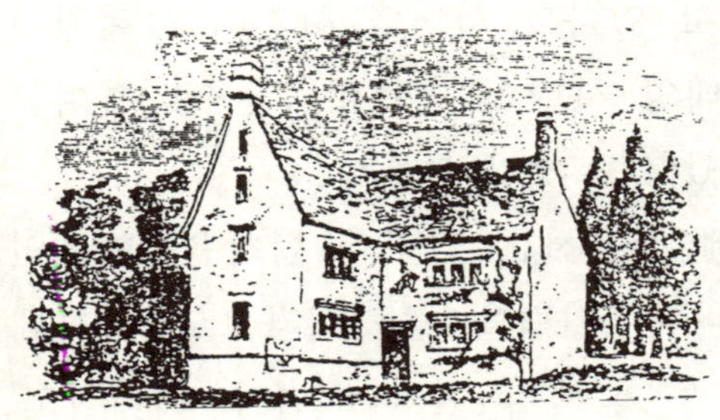
울즈소프에 있는 아이자크 뉴턴의 생가이며(1642), 동시에 미분과 적분법의 생가이기도 하다.(1665~66)

다음으로 이룬 큰 업적은 1666년에 렌즈

를 연구하여 프리즘을 발명한 일입니다. 동쪽 하늘에 보슬비가 내리는데 서쪽 하늘에 해가 나면 동쪽에 황홀한 무지개가 생깁니다. 빨강, 주홍, 노랑, 초록, 파랑, 남색, 보라의 일곱 가지 색입니다.

그런데 뉴턴은 자기가 발명한 프리즘에 햇빛을 비쳐 인공적으로 무지개의 색 띠를 만들었습니다. 이 색 띠를 '스펙트럼'이라고 합니다. 그는 이 실험을 통하여 무색인 햇살이 7가지 색으로 되어 있음을 밝혀냈습니다.

뉴턴은 또 물체의 운동에 대한 연구를 하여 '운동의 3법칙'을 세상에 발표하였습니다.

제1법칙: 모든 물체는 외부에서 힘이 주어지지 않는 한, 멈춘 물체는 멈춘 대로, 운동하는 물체는 등속도 운동을 계속한다. (관성의 법칙)

제2법칙: 가속도(加速度)는 힘의 방향과 일치한다. (운동의 법칙)

제3법칙: 물체에 어떤 힘이 작용하면 같은 크기의 반대방향의 힘이 작용한다. (작용, 반작용의 법칙)

그는 이 외에도 많은 것을 연구하였습니다.

라틴어로 출판된 그의 저서 '프린키피아'(Principia, 원리) 속에 그의 연구 업적이 모두 실려 있습니다.

그의 신중함 때문이었는지 이렇게 놀라운 많은 연구를 하고서도 그 원고들은 책상 옆 책장에 그냥 쌓여 있었습니다.

그의 절친한 친구였던 천문학자 핼리(Halley)가 어떤 날 뉴턴의 집에 놀러갔다가 우연히 이 원고지를 보게 되었습니다.

그는 뉴턴을 설득하여 1687년에 프린키피아를 출판하게 하였던 것입니다. 이렇게 하여 프린키피아가 세상에 알려지면서 현대 수학과 과학이 발전하게 되었던 것입니다.

뉴턴은 나이 들면서 조폐국장, 국회의원, 그리니치 천문대장 등 사회활동에도 참여하였습니다. 1705년에는 뉴턴에게 나라에 크게 공헌한 사람에게 주는 경(卿 Sir)이라는 칭호가 수여되었습니다.

뉴턴은 1727년 3월 20일 세상을 떠났습니다. 그의 시신은 전 국민의 애도 속에 마치 국왕과 같은 대우를 받으며 웨스트민스터 사원에 안치되었습니다.

뉴턴은 평생을 독신으로 살았습니다. 오래 동안 질녀 부부와 같이 살았는데 여러 가지 재미나는 이야기가 전해오고 있습니다.

뉴턴은 외로워서인지 고양이를 키웠는데 어미 고양이가 새끼를 낳았다고 합니다. 며칠 후 질녀에게 새끼 고양이가 다닐 수 있게 작은 문을 만들어 달라고 부탁했다고 합니다.

어떤 날 뉴턴이 회중시계를 끓이고 있어 질녀가 "무엇에 쓸 건데요?" 라고 물었더니 "배가 고파서"라고 하더랍니다. 계란으로 착각했던 모양입니다.

* 뉴턴이 미분, 적분학을 발표한 10년 후에 독일 수학자 라이프니츠(G. W. Leibniz)도 독자적으로 미분, 적분학을 발표하였습니다.

15. 사해(死海)

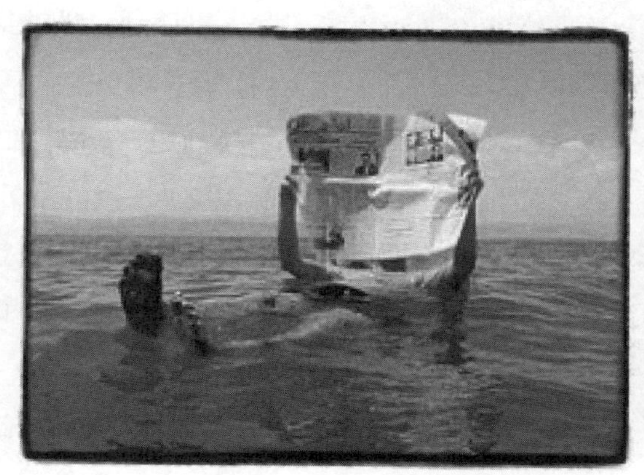

바닷물 속에는 물고기 등 많은 생물이 살고 있습니다. 그런데 바다물이 너무 짜서 생물이 살 수 없는 호수가 있습니다. 세계 여러 곳에 이런 짠 호수가 있습니다. 그중 가장 유명한 곳은 요르단 지역에 있는 사해(Dead Sea)입니다.

사해라는 이름은 옛날 그리스의 한 작가가 그의 작품에서 이 호수에 생물이 살지 못한다고 하여 붙였다고 합니다. 북쪽에서 흘러내리는 요르단 강에 사는 물고기들이 사해로 흘러 들어오면 살지 못하고 죽어 물위에 떠버립니다. 그러면 물새들의 좋은 먹이감이 되어 버립니다.

사해는 이스라엘과 요르단 사이에 있습니다. 이 지역은 주변보다 푹 꺼진 낮은 지구(地溝)를 이루고 있습니다. 이

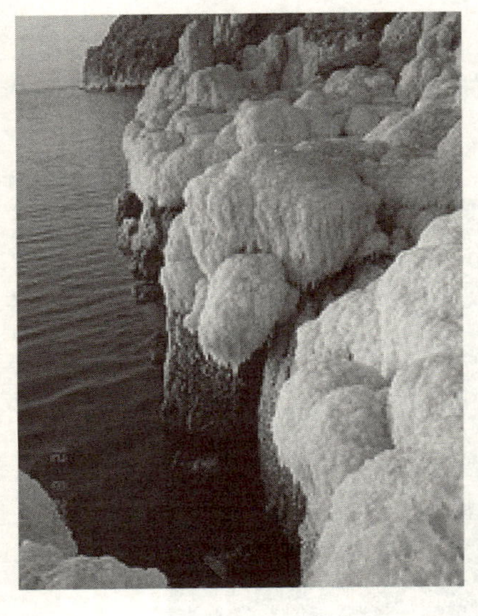

지역은 세계에서 가장 낮은 지대를 이루고 있는데 서쪽 멀지 않은 곳에 위치해 있는 지중해 해면보다 396m나 낮습니다.

사해는 남북으로 80km, 동서로 5~18km의 큰 호수(湖水)입니다. 그런데 옛날부터 소금끼가 너무 많아 히브리인들은 이 호수를 '소금의 바다'(Yan ha Melah)라고 불렀습니다.

태평양 바닷물의 농도가 대략 4~5%인데 비해 이곳의 소금 농도는 25~30%에 이릅니다. 그러므로 아무리 수영을 못하는 사람도 빠져죽을 염려는 없습니다.

여기에는 소금뿐만 아니라 염화마그네슘과 염화칼슘이 많이 녹아있어 매우 메스껍고 미끄럽습니다. 칼륨도 많이 들어 있습니다. 이밖에도 많은 광물질이 포함되어 있어 나병 등 피부병에 효과가 있다는 소문이 퍼지면서 해수욕을 하러오는 사람이 많이 모이고 있습니다.

북쪽 요르단 강을 비롯하여 사방에서 많은 작은 강물이 흘러들어오고 있습니다. 그러나 사해에서 흘러나가는 물은 전혀 없습니다.

건조한 기후 때문에 이 호수는 증발이 심하여 수위가 좀처럼 올라가지 못하고 오히려 물의 양이 줄어들고 있습니다. 그래서 소금 성분이 증가하여 오늘날의 사해가 이루어진 것입니다.

그런데 안타까운 일은 사해의 해면이 늘기는커녕 1년에 약 2m 남짓 낮아지는 일입니다. 사해의 수면은 1970년에 해발 -392m, 2000년에는 해발 -472m에 이르렀습니다. 30년간 80m나 낮아졌습니다.

그래서 사해의 주변 나라 이스라엘, 팔레스타인, 요르단은 인종 문제로 서로 싸우면서도 홍해 아카바에서 바닷물을 끌어내는 계획을 세우려고 하고 있습니다.

미국 중서부에 있는 유타 주에도 '그레이트 솔트레이크'(Great Salt Lake)라고 하는 큰 염호(鹽湖, 소금호수)가 있습니다. 이곳에도 사방에서 흘러들어오는 작은 강은 있어도 흘러나가는 물은 없습니다. 이 지역도 건조지대여서 증발이 심하여 호수의 수위가 좀처럼 불어나지 못하고 있습니다. 이 호수도 소금 끼가 너무 많이 포함되어 있어 물고기 종류는 전혀 살지 못합니다. 극히 작은 새우 종류의 생물이 살고 있는 것이 전부입니다.

16. 폭포(瀑布) 이야기

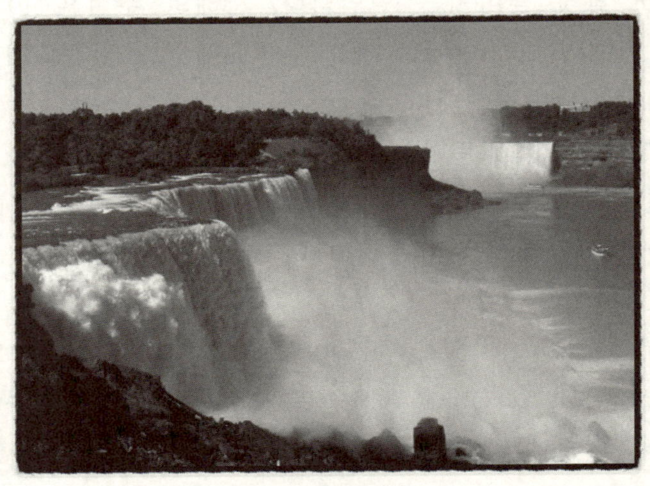

나이아가라 폭포

금강산의 구룡(九龍)폭포나 개성의 박연(朴淵)폭포는 예로부터 너무 유명하여 선조들의 시나 민요에 많이 등장하고 있습니다. 폭포는 이와 같이 사람들의 감탄과 호기심을 일으켜 왔습니다. 세계에는 이런 정겨운 폭포가 아니라 아주 거대하고 웅장한 폭포가 여러 개 있습니다.

미국과 캐나다 국경에 있는 오대호의 풍부한 물줄기가 만드는 나이아가라 폭포(Niagara Fall)는 그야말로 장관을 이룹니다.

에리(Erie) 호에서 흐르는 나이아가라 강 56km 지점에 있는 고트 섬에서 두 갈래로 갈라져서 캐나다 쪽으로는 폭 900m, 높이 50m의 직하 폭포를 이루고 있으며, 미국 쪽으로는 폭 300m, 높이 51m의 폭포가 아래 부분에서 계단식으로 떨어지고 있습니다.

양쪽 폭포수는 모두 온타리오 호로 떨어지는데 이 물이 세인트로렌스 강을 통하여 대서양으로 흘러갑니다.

관광객들은 온타리오 호 양쪽 선창에서 떠나는 유람선을 타고 캐나다 쪽의 직하 폭포수 바로 밑에 이르러 비옷을 입고 그 장관을 관람할 수 있습니다. 그 웅장한 굉음(轟音)은 귀가 멍할 정도입니다. 그러나 늦가을부터는 유람선이 뜨지 않아 멀리서만 바라볼 수 있습니다.

캐나다는 폭포 상류 쪽 암석 중간 거리까지 지하 터널을 뚫어 놓았습니다. 관광객들은 그 터널에 설치한 유리창을 통하여 매우 가까운 거리에서 떨어지는 폭포수 뒤쪽의 장관을 볼 수 있습니다.

남아메리카대륙 브라질과 아르헨티나 국경에는 매우 거대한 이과수 폭포가 있습니다. 이과수 강의 풍부한 물이 4.5km에 걸쳐 20여 곳의 폭포로 나뉘어져 떨어지는데 그것들의 평균 낙차는 70m에 이릅니다. 수량은 나이아가라에 미치지 못하나 폭이 넓고 장대하기로는 이 폭포를 따를 곳이 없습니다.

이 폭포는 1890년대에 발견되었는데, 브라질, 아르헨티나, 파라과이의 3나라가 국립공원으로 지정하고 있는 세계적인 관광 명소가 되었습니다.

아프리카 잠비아와 짐바브웨 경계를 흐르는 잠베지 강에는 빅토리아 폭포(Victoria Fall)가 장관을 이루고 있습니다. 영국의 탐험가 D. 리빙스턴이 1855년에 발견한 폭포입니다. 영국의 식민지 시대여서 빅토리아 여왕의 이름을 따서 빅토리아 폭포로 부르게 됐다고 합니다.

빅토리아 폭포는 폭이 1700m, 높이가 110~150m에 이릅니다. 그런데 폭포수의 강폭이 좁아서 맞은편 낭떠러지에서만 볼 수 있는 것이 흠입니다.

날이 맑으면 이 폭포에는 언제나 무지개가 끼어 보통 레인보 폭포(Rainbow Fall)라는 별명으로 불립니다. 매년 11~12월에는 잠베지 강물이 늘어나므로 이때는 더욱 장관을 이룬다고 합니다.

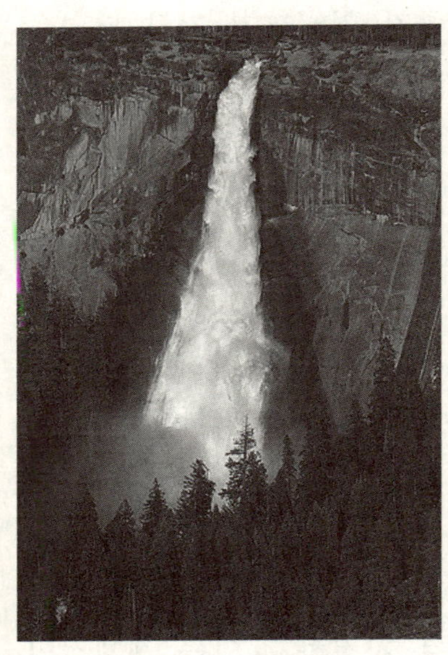
높이가 790m에 이르는 요세미티 폭포

이상의 세계 3대 폭포와는 달리 낙차가 매우 큰 폭포도 있습니다. 미국 캘리포니아주 요세미티 국립공원에 있는 요세미티 폭포(Yosemite Fall)는 790m의 높이에서 떨어집니다. 이른 봄 해빙기에는 수량이 많아 그 장관을 보기 위하여 많은 관광객이 모여들고 있습니다. 그러나 건기에는 물이 말라버리는 것이 결점입니다.

세계에서 가장 높은 폭포

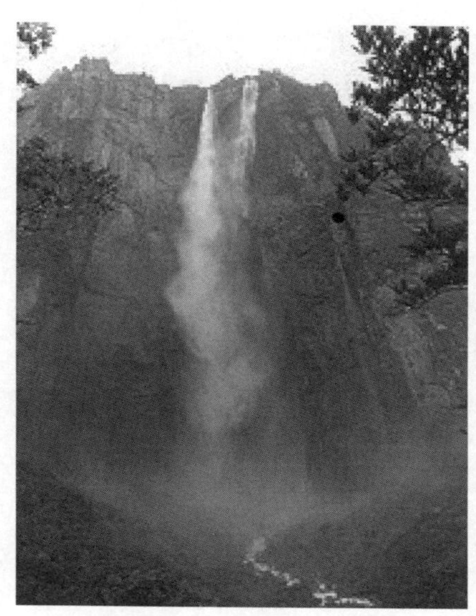

세계에서 가장 높은 엔젤 폭포

는 베네수엘라 기아나 고지(高地)에서 떨어지는 엔젤폭포(Angel Fall)입니다. 이 폭포는 높이가 915m에 이릅니다. 1938년에 미국 비행사 제임스 엔젤(J. Angel)이 비행 중 공중에서 발견하여 처음 알려진 폭포입니다.

17. 맹자 어머니의 단기지교(斷機之敎) 이야기

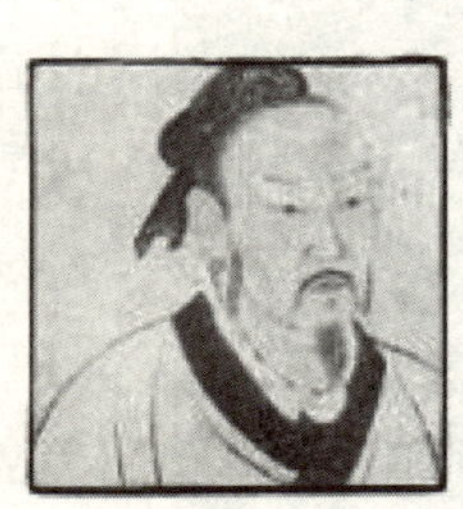

약 2400년 전에 지금의 중국 산동(山東)성에 맹가(孟軻)라고 하는 어린아이가 살고 있었습니다. 세상 사람들은 그 아이의 어머니를 흔히 맹모(孟母, 맹자의 어머니)라고 하며, 지금까지도 존경하고 있습니다. 세상에 둘도 없는 교육자였으며 훌륭한 어머니였기 때문입니다.

맹가는 어려서부터 모든 일에 적극적이었습니다. 동리에서 평범하게 자라며 어느 정도의 기초학문을 마쳤습니다. 마을에서는 더 높은 학문을 배울 수 없다고 생각한 어머니는 아들 맹가를 이웃 노(魯) 나라로 유학(留學)을 보내면서 10년을 기약하고 열심히 공부하여 돌아오라고 말했습니다.

어머니는 고향에서 베를 짜며 맹가가 학문을 마치고 성공하여 돌아오기를 기다리며 살았습니다. 맹가는 노(魯) 나라에 가서 공자(孔子)의 손자인 자사(子思) 밑에서 배우고 있었습니다.

그런데 어느 날 베를 짜고 있던 어머니 앞에 “어머니 제가 공부를 마치고 돌아 왔습니다. 오늘부터 제가 어머니를 모시겠습니다.” 라고 말하며 맹가가 나타났습니다. 그런데 어머니는 뜻하지 않게 오히려 못마땅한 기색이었습니다.

어머니는 오랜만에 돌아온 아들을 반기는 기색은 없고 노한 얼굴로 베틀에서 내려오더니 옆에 와 앉으라고 말했습니다.

그리고 엄한 말투로 차근히 말했습니다. “네가 떠날 때 몇 년 동안 공부하기로 기약하고 떠났느냐? 10년을 채우지 못하고 중도에 돌아왔으니 매우 실망스럽다. 그러더니 부엌에 가서 칼을 가져다가 자신이 짜고 있던 베틀의 날줄을 모두 잘라버렸습니다. 그리고 말했습니다.

내가 알기에 “학문은 바다와 같이 넓고 깊어서 10년을 공부하고 돌아와도 충분하지 못할 것이다. 지금 다시 선생님 밑으로 돌아가거라.”

평소에 몸소 실천으로 모범을 보이셨던 어머니 말씀의 참뜻을 깨달은 맹가는 엎드려 절하고 “제가 많이 모자랐습니다. 다시 돌아가겠습니다.” 말하고, 그 자리에서 노(魯) 나라도 돌아갔습니다.

맹가는 노나라에서 어머니가 베틀의 날줄을 끊은 일을 항상 생각하며 더욱 열심히 학문을 닦았습니다. 학문을 배우는데 멈추지 않고 자신의 학문을 세우는 데까지 힘썼습니다. 그래서 마침내 공자에 버금가는 큰 학자가 되었습니다. 후세 사람들은 그를 맹자(孟子)라고 추앙하고 있습니다.

자(子)자는 중국에서 훌륭한 사람을 높여 부르는 글자입니다.

맹자의 어머니(맹모)는 동서고금을 막론하고 세상에서 가장 훌륭한 어머니이며 교육자로 추앙받고 있습니다.

맹자가 어렸을 때 어머니와 같이 저자 거리를 가다가 우연히 이웃에서 돼지 잡는 것을 본 일이 있었습니다. 맹가가 어머니에게 물었습니다. "엄마 돼지는 왜 잡는데요?" 뜻밖의 물음이라 어머니가 불숙 나온 말이 "너 먹이려고 잡지"라고 했답니다.

맹자 어머니는 아차 그럴 생각은 없었는데 잘못 대답했구나 싶었습니다. 사랑하는 맹가에게 '거짓말'을 할 수가 없어서 다시 그 집으로 돌아가서 돼지고기를 사다 먹였다는 일화가 전해오고 있습니다.

역시 맹자가 어렸을 때 이야기입니다. 한때 맹가 모자는 공동묘지 부근에서 살았는데 어린 맹가가 틈만 나면 상여놀이를 하며 노는 것을 보고, 이곳은 맹가를 키울 곳이 못된다고 생각했습니다. 그래서 이사간 곳이 시장 근처였다고 합니다. 이번에는 맹가가 날마다 장사놀이를 하며 놀았다고 합니다. 어머니는 이곳도 맹가를 키울 곳이 못된다고 생각했습니다. 그래서 서당 부근으로 이사를 했더니 맹가가 글자놀이를 하며 놀아 그곳에서 살았다고 합니다.

맹가의 어머니가 아들의 바른 성장을 위하여 세 번 이사한 일을 세상 사람들은 맹모삼천지교(孟母三遷之敎), 즉 맹자 어머니가 3번 이사를 한 가르침이라고 합니다.

또 맹자의 어머니가 베틀의 날줄을 끊어 유학에서 중도

에 돌아온 아들을 다시 노 나라로 돌려보내 마침내 대성하게 한 일을 단기지교(斷機之敎) 또는 단기지계(斷機之戒)라고 합니다.

맹자를 성선설(性善說)의 시조(始祖)라고 합니다. 사람은 본래 착하게 태어났음으로 바르게 살도록 힘써야 한다는 것이 맹자의 성선설입니다.

맹자는 불쌍한 사람을 보면 생기는 '측은(惻隱)한 마음'과, 나의 잘못은 부끄러워하고 남의 잘못은 미워하는 '수오(羞惡)의 마음', 사람을 대할 때 생기는 겸손한 마음인 '사양(辭讓)하는 마음', 그리고 일상생활에서 생기는 옳고 그름을 판단하는 '시비(是非)의 마음'이 있다고 말했습니다. 이 4가지 기본 마음을 사단(四端)이라고 하며, 사람은 이 마음들을 다듬어 올바르게 살아야 한다고 주장하였습니다.

맹자는 정치에서는 왕도(王道)를 주창하여 여러 나라를 다녔는데, 농업에도 관여하여 정전법(井田法)을 개발하였습니다. 땅을 井(정)자 모양으로 9구역으로 나누어 중앙의 한 구역은 8집이 공동으로 농사를 지어 세금으로 나라에 바치고, 주위의 8구역의 땅은 8집이 하나씩 나누어 농사를 짓게 하는 방법입니다.

18. 혜성같이 나타나 유럽을 호령했던 나폴레옹 황제

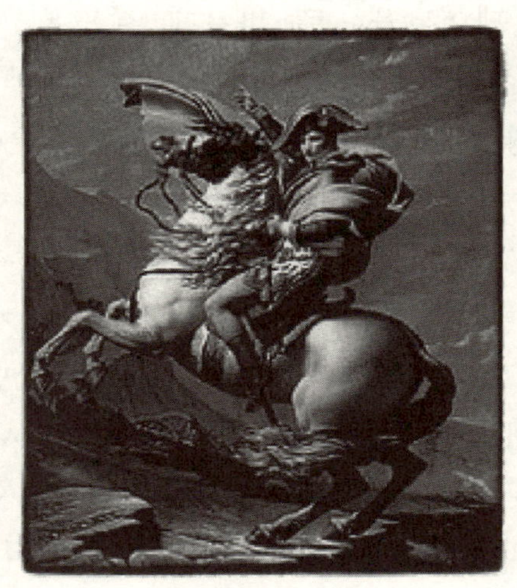

북 이탈리아 서부 지중해에 코르시카라고 하는 비교적 큰 섬이 있습니다.

나폴레옹 보나파르트(Napoleon Bonaparte)는 이 섬의 명문이며 지주였던 샤를 보나파르트(Charles Bonaparte)의 둘째 아들로 1769년 8월 15일 태어났습니다.

코르시카 섬은 이탈리아 북서부 제노바 국의 식민지였습니다. 제노바 정부는 협약에 의하여 이 섬의 통치권을 프랑스에 양도하였습니다.

샤를 보나파르트는 코르시카 섬의 독립을 주장하며 앞장서 싸웠으나, 힘에 밀려 1769년에 항복하고 프랑스에 귀순하였습니다.

나폴레옹은 자라서 프랑스로 건너가 1785년에 파리 사관학교를 졸업하고 16세에 포병장교가 되었습니다. 그 후 그는 한동안 고향 코르시카 섬을 지키다가 파리 근교에서 근무하고 있었습니다.

그 무렵 프랑스에는 큰 변화가 일어나고 있었습니다. 1789년 7월 14일 시민혁명이 일어났던 것입니다. 맨주먹으로 들고 일어난 시민군이 왕의 군대와 싸워 이겼던 것입니다. 그 3년 후인 1792년에는 왕정이 폐지되고 시민들이 선출한 대표자가 프랑스를 다스리는 공화국(共和國)이 탄생했습니다.

당시 프랑스왕은 "짐(나)이 곧 국가이다."라고 큰소리쳤던 루이 16세였습니다. 다음 해인 1793년에 있었던 배심원 재판에서 361: 360으로 루이 16세는 콩코드 광장에서 단두대의 이슬로 처형되기에 이르렀습니다.

절대왕국이었던 프랑스에서 이런 놀라운 변화가 일어났던 것입니다. 이와 같은 놀라운 변화를 본 유럽의 왕들은 불안을 느낄 수밖에 없었습니다.

이 무렵 영국이 서부 툴롱 반도를 넘보고 있음을 안 혁명정부는 나폴레옹 군대를 현지에 파견하여 국토방위에 임하게 하였습니다.

혁명정부는 나폴레옹을 준장으로 진급시켜 여단장에 임명했습니다. 그의 나이 24세 때였습니다. 프랑스의 혁명정부를 못마땅하게 여기는 왕정국가들을 견제하기 위하여 그에게 큰 임무를 맡겼던 것입니다.

뒤이어 그는 군사령관이 되어 알프스를 넘어 이탈리아를 정복하는 장도에 나섰습니다. 앞장서서 알프스를 넘으면서 "나의 사전에 불가능은 없다."라고 병사들을 격려했다는 그의 무용담이 전해오고 있습니다. 그는 뒤이어 1796년에는 동쪽에 위치한 오스트리아를 정복하였습니다.

1798년에는 인도에 진출하면서 그 전진기지로 이집트에 주둔하고 있는 영국군을 제압하기 위하여 이집트 원정길에 올랐습니다.

33척의 함대와 3만여 명의 대군을 이끌고 7월에 알렉산드리아에 상륙하여 영국군을 물리쳤습니다, 유명한 로제타석을 발견한 것도 이때였습니다.

이어서 그는 카이로에 머물며 주변정리를 하고 있었습니다. 그러나 나일강 하류의 해전에서는 영국의 넬슨 함대에 의하여 패하기도 했습니다.

나폴레옹은 이집트에서 어느 정도 성과를 거두자 1799년에 홀로 프랑스로 돌아왔습니다. 그런데 국내 사정이 예사롭지 않은 것을 알았습니다.

혁명으로 건립한 프랑스공화국이 시민들의 지지를 받지 못하고 민심을 잃고 있었습니다,

이에 그는 큰 결심을 하기에 이릅니다. 그는 민심을 잃고 있는 혁명정부를 돕기보다 새로운 정부를 세우는데 힘써 성공하였습니다.

나폴레옹은 이 새 정부에서 '제일 집정관'(First Consult)으

로 선출되었습니다. 새 정부의 제 1인자가 된 것입니다.

정권을 잡은 나폴레옹은 정부 기구를 개편하고 새로운 정치를 시작하였습니다. 제일 먼저 '나폴레옹 법'을 제정하였습니다. 이것은 후에 프랑스 헌법의 기초가 되었습니다.

그 헌법에 의하여 나폴레옹은 1802년에 종신 대통령으로 선출되었습니다. 그리고 1804년에는 국민투표를 실시하여 황제(皇帝)로 추대되었습니다.

루이16세가 사형된 지 11년 후에 나폴레옹은 더 강력한 권력자로 등장한 것입니다.

나폴레옹 황제는 궁성에만 머물지 않고 그 후 10년 동안 몸소 군대를 이끌고 주변 국가와 계속된 전쟁에 참전하여 항상 승리를 거두었습니다. 영국과 러시아를 제외한 유럽의 주변 국가들을 거의 점령하였던 것입니다.

드디어 1812년에 나폴레옹 황제는 60만 대군을 이끌고 러시아 원정에 나섰습니다. 나폴레옹 군대는 그해 9월에 수도 모스크바를 점령하는데 성공했습니다. 그러나 날씨가 춥고 보급이 뒤따르지 못하여 계속 주둔하지 못하고 10월에 후퇴하기에 이르렀습니다. 그 동안 러시아와의 전투에서 대부분의 군인을 잃어버리고 겨우 10만명만 살아 돌아왔다고 합니다.

사정은 여기서 끝나지 않았습니다. 1813년에는 그동안 피해를 입었던 러시아 등 여러 국가들이 해방연합전선을 형성하여 10월에 라이프치히 전투에서 프랑스군을 대파하였습니다. 그 6개월 후인 1814년 3월에는 파리가 함락되기에 이르렀습니다.

이렇게 하여 안하무인이었던 나폴레옹 황제는 이탈리아 남부에 위치한 엘바 섬에 유배되고 말았습니다.

그러나 나폴레옹은 엘바 섬 안에서 허용된 자치권을 이용해 1815년 3월 600여명의 해군을 이끌고 섬을 탈출하여 파리로 돌아오는데 성공했습니다. 옛 부하들과 농민들의 열렬한 환영을 받으며 나폴레옹은 다시 황제의 자리에 복귀할 수 있었습니다.

그러자 여러 나라는 빈에 모여 회의를 했습니다. 이에 나폴레옹 황제는 옛 권위를 회복하기 위하여 그해 6월에 약 10만 대군을 이끌고 네덜란드로 출전했습니다. 이에 맞서 영국 웰링턴 장군이 이끄는 연합군도 약 10만 여명의 병력으로 출전하여 워털루에서 전투가 벌어졌습니다. 이 최후의 결전에서 나폴레옹군은 대패하였습니다. 그리하여 나폴레옹은 남대서양에 있는 세인트헬레나 섬으로 유배되고 말았습니다.

어렵사리 되찾은 나폴레옹 황제의 복권 100일 천하는 이렇게 허무하게 끝이 났습니다. 그는 1821년 52세의 나이로 생을 마쳤습니다.

19. 오스트레일리아 대륙 발견 이야기

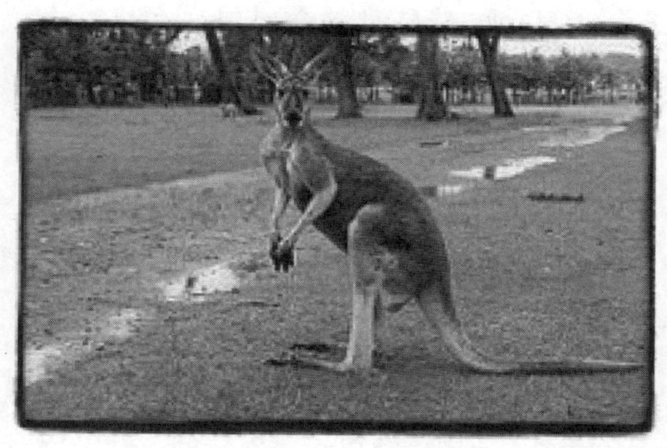

캥거루가 뛰놀고 유칼리나무가 자라는 오스트레일리아 대륙은 유럽인들이 두 번째로 발견한 미지의 큰 대륙입니다. (첫번째는 아메리카 대륙)

봉건 중세기를 지나면서 유럽의 선각자들은 인류가 사는 지구가 우주의 중심이 아니라는 것을 알았습니다. 그리고 지구는 둥글며 움직이고 있다는 지동설을 믿게 되었습니다. 또 다른 변화는 항해술이 발달하면서 사람들의 모험심이 커진 것입니다.

이렇게 하여 금과 은이 많은 동경(憧憬)의 대상인 동양으로 가려면 동쪽으로 가야 되지만, 배를 타고 서쪽으로 대서양을 건너가도 인도나 중국에 갈 수 있을 것이라고 믿게 되었습니다. 이와 같은 결단을 실행한 사람이 용감한 이탈리아의 항해가 콜롬부스였습니다.

그는 이스파니아 이사벨 여왕의 도움을 받아 3척의 배를 타고 서쪽으로 항해하였습니다. 그래서 마침내 1492년 10월 산살바도르 섬(島)에 상륙하였습니다.

그는 그가 도착한 섬이 인도의 일부라고 믿었습니다. 그래서 그 섬들을 '동인도 제도'일 것이라 믿고 돌아왔습니다.

그러나 그곳은 인도가 아니고 전혀 새로운 대륙인 아메리카였습니다.

세월이 더 흐른 후에 그 땅은 주인 없는 신대륙이라는 것이 알려지면서 유럽 사회는 흥분에 휩싸였습니다. 혈기 있는 젊은이들은 앞을 다투어 주인 없는 신대륙으로 이민을 떠났습니다.

이때 유럽을 주름잡던 해양국이었던 네덜란드는 이와는 달리 1650년대에 남아프리카 대륙의 남단을 돌아 인도양을 거쳐 동양으로 가는 길을 열었습니다. 그리하여 동남아시아 해상에 위치한 자바에 이르러 왕래를 시작했습니다.

그런데 자바를 왕래하면서 자바 섬 남쪽에 매우 큰 무인도가 있다는 소문이 퍼지고 있었습니다.

그래서 '미지의 남쪽 땅'(Unknown Southern Land), 또는 '숨겨진 오스트랄리스 땅'(Terra Australis Incognita) 등으로 불렸습니다.

당시 네덜란드에서 자바로 가려면 아프리카 서해안을 따라 남쪽으로 내려가서 아프리카 남쪽 끝에 위치한 희망봉(Cape of Good Hope)을 돌아서 가야 했습니다. 배가 희망봉에 이르면 때마침 서쪽에서 불어오는 무역풍을 이용하여 인도양을 건너 자바 섬으로 가야 했습니다.

소문에 떠돌던 '미지의 남쪽 땅'은 헛말이 아니었습니다. 그 '미지의 남쪽 땅'을 처음으로 발견한 사람들은 네덜란드의 선원들이었습니다. 그들은 자바로 간다는 것을 남쪽방향으로 길을 잘못 들어 오스트레일리아 서해안에 도착했던 것입니다. 그들은 사람이 살지 않는 그곳은 자바와는 다른 땅인 것을 알고 뉴 홀란드(New Holland)라고 불렀습니다.

이 보고를 받은 네덜란드 왕은 1642년에 아벨 타스만(Abel Tasman) 선장을 파견하여 미지의 남쪽 땅을 조사하게 하였습니다.

그가 도착한 곳은 호주 동부지역 지금의 '타스마니아 섬' 부근이었습니다. 오스트레일리아의 북동쪽 해안을 답사하였던 것입니다. 그는 이어 '뉴질랜드'도 발견하고 돌아갔습니다.

그러나 그가 탐험한 곳에서는 거주하는 사람이 눈에 뜨이지 않았습니다. 네덜란드 왕은 미지의 남쪽 땅, 또는 숨겨진 오스트랄리스 땅을 탐사시켜 놓고도 쓸모가 없는 땅이라고 여겼던지 더 이상 탐험대를 보내지 않았습니다.

그 후 1770년에 영국은 쿡(J. Cook) 제독을 오스트레일리아 동해안에 파견하여 뉴 사우드 웨일스(New South Wales) 지역을 탐사시켰습니다. 그는 지금의 시드니 근처에 위치한 보타니 만(Botany Bay)을 발견했습니다. 이렇게 하여 오스트레일리아는 영국의 식민지가 되었습니다.

영국은 1788년에 처음으로 약 100세대의 이민자들을 오스트레일리아에 정착시켰습니다. 이때 약 800명의 죄수를 같이 보내 모두 1000여명이 오스트레일리아 신대륙의 개척자가 되었습니다.

후에 영국은 총독을 두어 오스트레일리아를 다스렸습니다. 그리고 백인들만 살게 한다는 정책을 썼습니다. 사람들은 이 정책을 백호주의라고 불렀습니다. 그러나 1973년에 이 정책이 폐지되어 지금은 동양인들도 약 18% 정도 살고 있습니다.

나중에 알려졌는데 오스트레일리아에는 약 500여 부족의 원주민 30여만 명이 흩어져 살고 있었습니다. 그들은 그때까지 돌칼이나 돌도끼 같은 원시적인 석기를 쓰고 있었으며 금속을 쓸 줄 몰랐다고 합니다.

일부 원주민이 부메랑으로 큰 짐승이나 공중을 날아가는

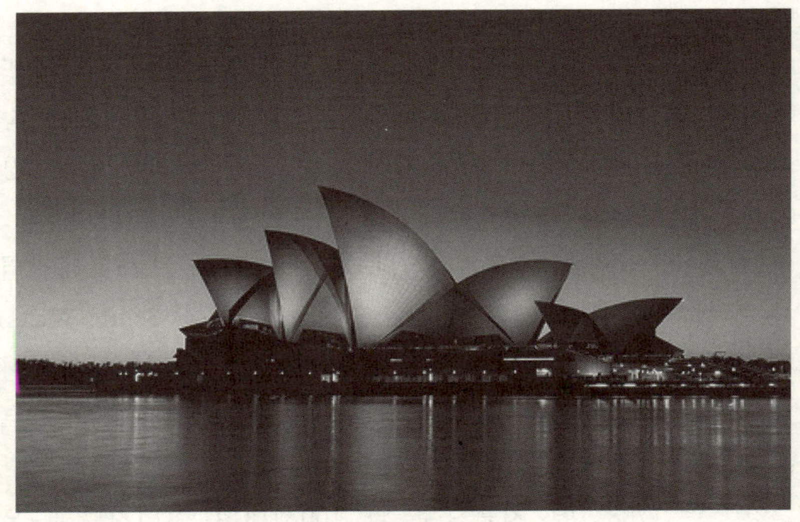

시드니의 오페라하우스

새들을 잡았다고 합니다. 부메랑은 던진 목표물에 맞지 않으면 원래 자리로 되돌아오는 신기한 무기입니다.

오스트레일리아는 6대주 중에서 가장 작은 대륙입니다. 면적은 약 300백만 평방마일(770만km^2)에 이르는데 알래스카를 포함한 미국의 면적과 맞먹는 넓이입니다. 그러나 인구는 2000만 명 내외에 불과하여 인구밀도(1km^2 내에 사는 사람 수)는 겨우 2.5명에 불과합니다.

오스트레일리아는 영국연방(Commonwealth of Nation)의 한 멤버입니다. 그러므로 영국 왕이 오스트레일리아 왕의 직무를 겸하고 있습니다.

정치는 의회민주주의를 택하고 있으며, 명목상 수반은 왕이 임명한 총독입니다. 국회는 상하 양원제이며 행정은 내각책임제입니다.

20. 로스앤젤레스 이야기

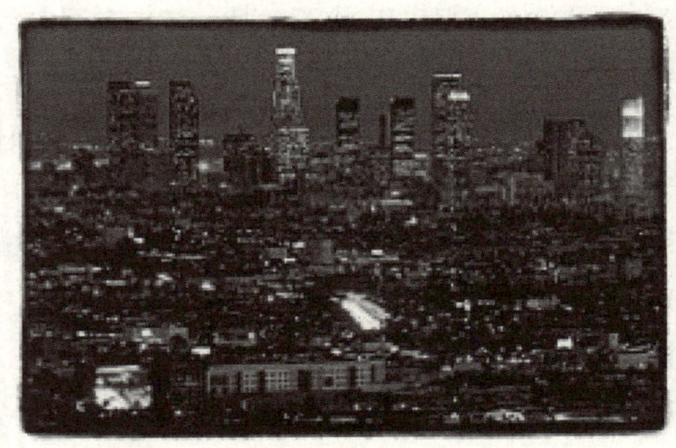

미국 서남부 태평양 연안에 위치한 로스앤젤레스(Los Angeles)는 면적 1,204km^2, 인구 약 360만 명이 거주하는 미국 제3의 큰 도시입니다.

그러나 그리 멀지 않는 곳에 위치하고 있는 패서디나(Pasadena), 컬버시티(Culver City), 잉글우드(Ingle Wood), 산타모니카(Santa Monica), 롱비치(Long Beach) 등의 주변 도시들을 합하면 인구 700만 명이 넘는 미국 제2의 큰 도시가 된다고 합니다.

약 250년 전인 1770년대까지는 허허벌판 황무지였던 이곳에 이렇게 큰 도시가 들어설 것이라고 예상했던 사람은 아무도 없었습니다.

이곳에 처음으로 터를 잡은 유럽인은 멕시코를 점령하여 캘리포니아까지 세력을 뻗치고 있던 스페인 사람들이었습니다. 스페인은 이미 멕시코를 점령하여 식민지로 만들고 태평양 서해안까지 넓은 영토를 차지하고 있었습니다.

G. 포르톨라 대위를 뒤따르던 일단의 스페인 개척자들과 전도사들이 이곳에 와서 거주할 터전을 만들고 있었습니다. 스페인인들이 이 지역을 차지하고 있었습니다.

그들은 1769년 9월 2일 이곳 한 언덕에 포르시운쿨라 로스앤젤레스(Porciuncula Los Angeles), 즉 '천사의 마을'이라는 푯말을 세우고 살기 시작했습니다.

그 2년 후에 이 마을에서 15km 떨어진 지점에 프란체스코 수도회(修道會)가 들어와 '상 가브리엘 선교회'를 세웠습니다. 그 후 1781년 9월 4일 멕시코로부터 초대 행정관 필립 드 네베가 부임하였습니다.

필립 드 네베 행정관은 첫 사업으로 본국으로부터 여자 11명, 남자 11명, 아이들 22명을 이주시키고 '우리 여왕 로스앤젤레스 마을'이라는 푯말을 세우고 개척생활의 기반을 만들어 주었습니다. 그러나 세월이 흘러도 로스앤젤레스는 좀처럼 성장하지 못했습니다,

당시 멕시코는 텍사스도 관할하고 있었는데 1845년에 경계문제로 미국과 전쟁이 일어났습니다. 전쟁이 미국의 승리로 끝나자 텍사스는 그해에 미국의 한 주로 편입되었습니다. 3년 후인 1848년에는 캘리포니아도 미국의 한 주로 편입되었는데, 그때 로스앤젤레스의 인구는 1500명을 넘지 못했다고 합니다.

미국의 주가 된 후 로스앤젤레스 주변의 농지가 개발되면서 사람들이 모여들기 시작했습니다. 오렌지, 포도, 호두, 아보카도, 자몽 등 새로운 농산물의 생산이 늘면서 사람들이 급속히 모여들었던 것입니다.

9년 뒤에는 산타모니카 지역이 편입되어 인구가 더 늘어났습니다. 1869년에 대륙횡단철도(Union Pacific)가 개통되면서 로스앤젤레스는 서부 지역의 물량 집산지가 되어 더욱 발전하였습니다.

1920년에 북서쪽 13km 지점에 헐리우드(Hollywood) 영화 촬영소가 들어서 영화산업의 중심지가 되었습니다. 또 서남부 태평양 연안에 롱비치(Long Beach) 해수욕장이 생기면서 유명한 휴양지가 되었습니다.

1900년대 초부터는 중국, 일본 등 동양인들의 이민이 늘어나면서 로스앤젤레스는 다민족 도시로 변하였습니다. 1960년대부터는 한국인의 이민이 급속히 늘어나 현재는 약

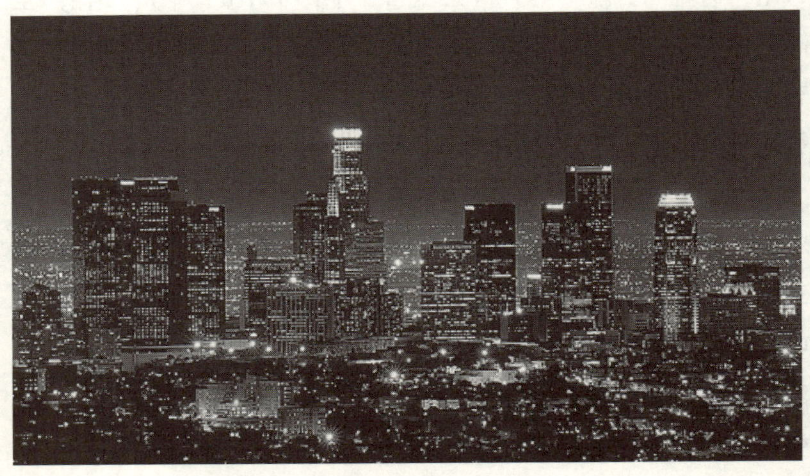

로스앤젤레스의 도심 야경

60만 명을 훨씬 넘는다고 합니다. 로스앤젤레스 어디를 가도 한글 간판이 없는 곳이 없습니다. 코리아타운에 가면 영어를 몰라도 언어의 불편을 느끼지 못합니다. 초기에는 흔히 나성(羅城)이라고도 불렀으나 지금은 간단히 LA(엘에이)로 통하는 도시가 되었습니다. 한국의 정서가 물씬 나는 도시입니다.

로스앤젤레스는 전 세계의 인종이 모여 사는 '인종 전시 도시'가 되었습니다, 무려 140개 인종의 사람들이 거주하고 있는데, 그들 각각의 언어로 생활하고 있습니다. 제일 많이 사는 인종은 히스패닉(Hispanic)계로 약 47%를 차지하고 있으며, 기타 백인종은 29.5%, 동양계가 12.9%, 아프리카계가 8.8%에 이른다고 합니다.

21. 미터법은 어떻게 제정되었나?

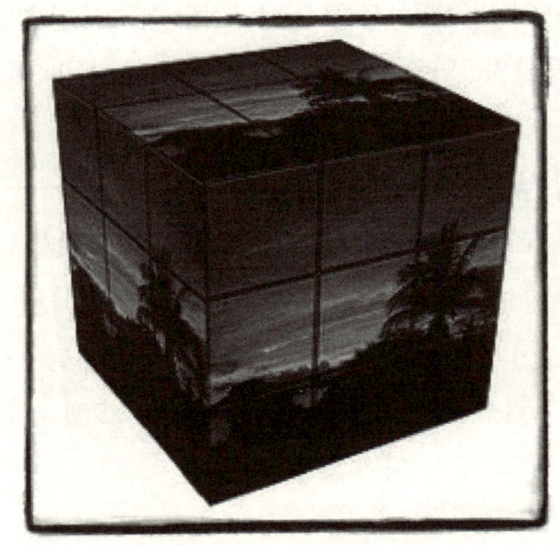

18세기에 들면서 영국에서 일어난 산업혁명은 유럽 사회를 급하게 바꾸어 놓은 큰 사건이었습니다. 집안에서 수공업으로 조금씩 제작하던 제품을 공장에서 기계공업으로 대량 생산하게 되었기 때문입니다.

그래서 상업이 급속도로 발달하여 나라 사이에 상품 거래가 활발히 이루어지게 되었습니다. 그런데 그 제품들의 계량 단위가 나라마다 같지 않았습니다. 이런 가운데 18세기 후반에 프랑스 과학자들이 중심이 되어 유럽 여러 나라가 받아들일 수 있는 정확한 계측 단위 제작의 필요성을 공감하고 그 제작에 착수하게 되었습니다.

이렇게 하여 정치가 C. 탈레랑이 1790년에 이 문제를 정부에 정식으로 건의하였습니다. 프랑스 정부는 이를 받아들여 1791년에 그 계획을 착수하였습니다.

프랑스 정부가 이 계획을 착수한 또 다른 이유도 있었습니다. 그것은 1789년에 일어난 시민혁명의 지도자들이 이 기회를 이용하여 지난날의 모든 낡은 잔재를 개량하여 새로운 출발을 하기 바랐던 의욕도 있었습니다. 이렇게 하여 정부는 파리 아카데미에 '미터법위원회'를 설립하였습니다.

미터법위원에는 3L로 불리던 시몬 라플라스(Laplace), 조셉 루이 라그랑주(Lagrange), 아드리안 르장드르(Legendre) 등의 3명의 수학자와 프랑스 혁명에도 가담했던 수학자 카르노(Carnot)도 있었습니다.

미터법위원회는 우선 지구 자오선의 정확한 길이를 측정하였습니다. 그리고 자오선의 1/400,000을 1m로 정하고 이것을 길이의 단위로 정했습니다. '미터'(m)라는 말은 라틴어 측정(measure)의 머리글자에서 따왔습니다.

길이의 단위가 정해지자 백금 90%와 이리듐 10%의 합금으로 만든 X자형 미터 원기를 만들었습니다. 섭씨 0°C일 때 그 미터 원기 한 면 중간에 정확히 '1m' 길이를 표시하고 길이의 단위로 하였습니다.

미터법위원회는 길이의 단위를 기준으로 하여 부피와 무게의 단위도 정했습니다. 부피의 단위는 가로, 세로, 높이가 각각 10cm인 정6면체의 부피를 1 *l* 로 정했습니다. 그리고 1기압 4°C의 순수한 물 1 *l* 의 무게를 1kg으로 정했습니다. 미터위원회는 무게와 부피의 원기도 같은 비율의 백금과 이리듐의 합금으로 만들었습니다.

뒤따르는 후속 단위들도 정했는데 모든 단위는 모두 10진법으로 정했습니다. 그러므로 미터법의 모든 단위는 기억하기 쉬우며, 사용하기도 매우 편리합니다.

그러나 옛 습성에 젖어있는 사람들이 쉽게 미터법을 사용하려 하지 않았습니다. 그래서 프랑스 정부는 1840년에 국민에게 미터법을 사용할 것을 법으로 정하고, 이것을 위반하면 처벌할 것이라고 설득하였습니다.

세계적으로 미터법의 편리함이 알려지면서 세계 여러 나라가 미터법의 사용을 희망하였습니다. 그래서 1875년에 국제적으로 미터조약이 체결되었습니다.

가입국에는 프랑스 파리에 보관하고 있는 원기와 꼭 같은 원기를 보내 보관하도록 하였습니다. 1967년 현재 미터조약에 가입한 나라는 70여 개국에 이르고 있습니다.

미국과 영국은 미터법에는 가입했으면서도 아직도 야드파운드법을 같이 사용하고 있습니다. 야드파운드법은 고대로마시대부터 내려오는 계측단위입니다. 고대 로마인들은 모두 사람 몸의 어떤 부위의 길이에서 길이의 단위를 정했다고 전합니다. 예를 들면 집게손가락의 첫마디 길이를 1인치로 하였습니다. 또 남자팔의 길이를 1야

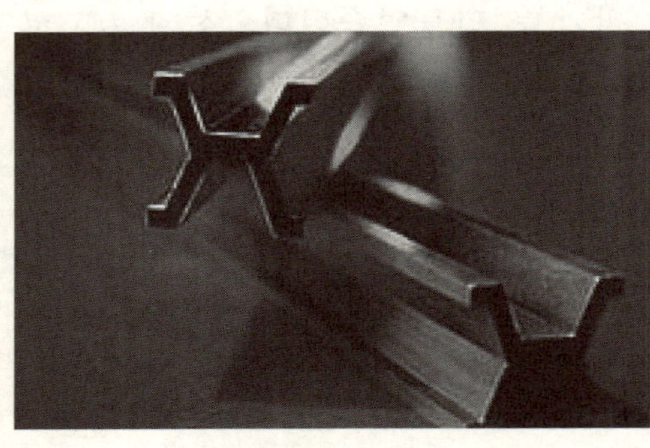

X자형 미터 원기

드로 했으며, 2걸음 길이의 거리를 1페이스, 1,000페이스의 거리를 1마일이라고 했습니다. 사람마다 신체의 크기가 다르므로 이런 측정단위는 정확할 수가 없습니다.

미국의 경우 독립 후에도 한동안은 주(州)마다 계량단위가 달랐다고 합니다. 그래서 미국은 영국의 야드파운드법 시스템을 기초로 통일된 기본단위를 제정하여 사용하고 있습니다. 그래서 야드(yd)와 파운드(lb) 등 기본 단위를 만들어 워싱턴 DC에 있는 도량형(度量衡) 표준국에 보관하고 그것을 기준으로 사용하고 있습니다.

참고로 다음에 야드파운드법과 미터법, 우리나라 재래의 척관법(尺貫法) 사이의 관계를 표시하였습니다.

길이: 1야드=0,9144m=3.01764자
1m=3.2808피드=1.0936야드=3.3자
1마일=1.6093km=0.40979리
1km=0.62137마일=0.25468리
무게: 1파운드=0.45395kg=0.12096관
1kg=2.2046파운드=0.26667관
1관=3.75kg=8.2673파운드
1근=0.627kg=1.3779파운드

* 우리나라의 전통 측정단위를 척관법(尺貫法)이라고 합니다. 길이의 단위는 자(尺), 무게의 단위는 관(貫), 그리고 부피의 단위로는 되(合)를 사용하였습니다. 이 단위들은 대개 10진법으로 되어 있어 사용하기가 편리합니다. 그러다가

1963년에 정부령에 의하여 미터법이 채택되어, 지금은 쓰지 않고 있습니다. 그러나 관습적으로 대화 도중에 자(尺)나 근(斤), 평(坪) 같은 말이 사용되기도 합니다. 참고로 척관법 단위체계를 적으면 다음과 같습니다.

길이: 1간(間)=6자. 1자= 10촌(寸). 1촌=10분(分)

무게: 1관=6근(斤). 1근=10돈(錢). 1돈=10푼

부피: 1섬(石)=10말(斗). 1말=10되(升). 1되=10홉(合). 1홉=10작(勺)

22. 빛의 속도를 측정한 뢰머 이야기

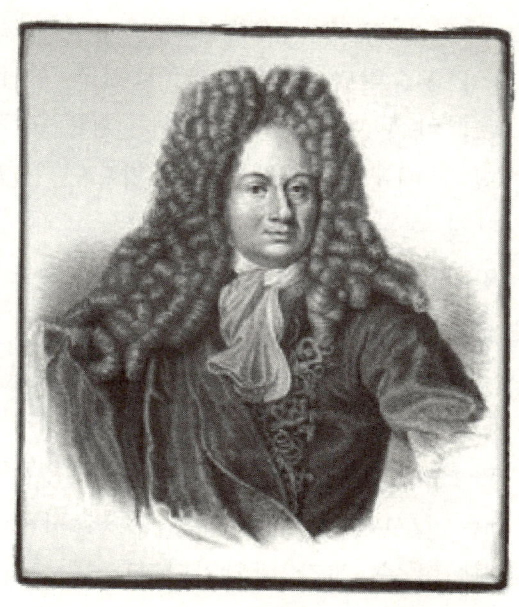

17세기 그 옛날에 빛의 속도를 측정한 것은 참으로 놀라운 일이 아닐 수 없습니다. 상상도 할 수 없을 만큼 빠른 빛의 속도를 측정해보고자 하는 생각은 미처 누구도 하지 못했습니다.

생각하지도 못한 이 엄청난 일을 1676년에 해낸 사람은 덴마크의 천문학자 올리우스 뢰머(O. Romer)였습니다. 그는 덴마크 유틀란트 올프스 출신으로 1672년에 코펜하겐 천문대학을 졸업하고 국립관상대에서 천문연구원으로 근무하고 있었습니다.

지구에는 오직 1개의 달이 있어 약 29.5일을 주기로 지구를 1바퀴씩 돌고 있습니다. 그런데 월식은 매달 달이 돌 때마다 일어나지 않습니다. 그것은 달이 지구 주위를 도는 백도(白道)면과 태양이 지구 주위를 도는 황도(黃道)면이 어긋나게 돌고 있기 때문입니다. 그래서 황도면과 백도면이 일치할 때만 월식 또는 일식이 일어납니다. 그래서 식(蝕)은 6개월 마다 일어날 수 있어서, 월식 또는 일식은 1년에 2, 3회 밖에 일어나지 않습니다.

그런데 목성에는 여러 개의 달이 돌고 있습니다. 목성의 맨 안쪽에서 돌고 있는 달 이오(Io, 갈릴레이가 붙인 이름)는 돌 때마다 월식이 일어나고 있었습니다. 그리고 이오(Io)의 월식시간은 42시간 내외로 오래 걸렸습니다. (지구의 월식 시간은 길어야 수 시간 내외입니다)

뢰머는 목성에서 일어나는 이오(Io)의 월식 현상을 오래 동안 관찰하였습니다. 그런데 이오 월식의 시작 시간이 점점 빨라지다가 다시 늦어지는 것을 알았습니다. 그리고 월식에 걸리는 평균시간은 42시간 28분 16초인 것을 알았습니다.

그래서 1년을 통하여 이오(Io)월식이 시작될 예정시간이 가장 빠를 때와 가장 늦을 때의 시간 차이가 약 17분 있었습니다.

뢰머는 이 월식 시간의 차 17분, 더 정확이 말하면 16분 38초가 왜 생기는 것일까? 그 이유를 밝히는데 전력을 기

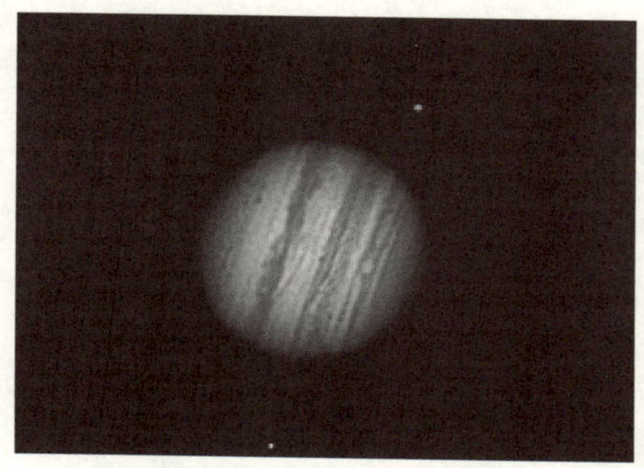
목성 둘레를 도는 위성 중 2개가 보입니다

울였습니다. 그래서 마침내 뢰머는 그 까닭을 밝혀냈습니다.

이오 월식 예정 시간이 가장 빨리 일어날 때는 태양에 대하여 지구와 목성이 같은 쪽에 있어 가까운 거리에 있을 때이고, 가장 늦게 일어날 때는 지구와 목성이 태양에 대하여 반대쪽에 있어 먼 거리에 있을 때인 것을 알았던 것입니다. 그래서 월식이 빠르게 일어날 때는 지구와 목성 사이의 거리가 가장 가까이 있을 때이고, 가장 늦게 일어나는 것은 지구와 목성 사이의 거리가 멀리 떨어져 있을 때인 것을 알았습니다.

이 말은 빛이 지구 (태양주위를 도는) 궤도의 지름, 즉 186,000마일을 가는데 16분 38초가 걸린다는 말이 됩니다. 16분 38초는 998초이므로

186.000마일÷998＝186.373마일/초(298.200km/초)

가 됩니다. 즉 빛의 초속은 186.373마일 또는 298.200km가 됩니다.

사람들은 상식적으로 흔히 빛의 초속은 약 30만km라고 말하고 있는데, 더 알기 쉽게 빛은 1초에 지구를 7바퀴 반을 돈다고 말하고 있습니다.

여기서 밝혀둘 것은 뢰머가 처음부터 빛의 속도를 측정

할 목적으로 목성의 제1 위성 이오의 월식을 연구한 것이 아니고 이오의 월식 현상을 연구하다가 빛의 속도를 알게 된 것입니다. 이 수치는 정확하다기 보다는 빛의 속도가 그렇게 빠르다는 것을 의미합니다.

그 후 프랑스의 과학자 푸코, 미국의 A. 마이컬슨 등 여러 과학자들에 의하여 더 정확한 빛의 속도가 측정되었습니다.

23. 애국소녀 잔 다르크와 유관순 이야기

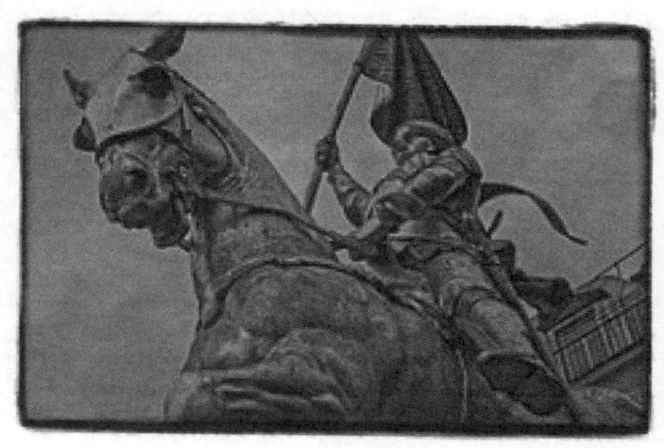

잔 다르크(Jeanne D'arc 또는 Joan of Arc, 1412~1431)는 프랑스 동북부에 위치한 로렌 동레미라퓌셀에 살았던 한 농민의 딸로 태어났습니다. 그녀의 집안은 대대로 기독교를 독실하게 믿고 있었습니다.

당시 프랑스 왕가는 1337년 이래 거의 100년 동안이나 영국 왕가와 전쟁을 하고 있었습니다. 당시는 아직 국가가 형성되기 전이어서 왕가와 왕가 사이에 전쟁이 끊이질 않았습니다.

잔 다르크의 어린 시절, 그녀가 살았던 지역은 영국 왕가와 내통을 하고 있던 프랑스의 귀족 집단 브르고뉴파가 통치하고 있었습니다. 프랑스 왕가의 '샤를' 황태자가 머물고 있던 오를레앙 성도 브르고뉴파의 세력권 안에 있었습니다.

잔 다르크가 16살이었을 때 어느 날 그녀가 잠이 들었는데 천사 성(聖) 캐서린 마가레트의 소리가 들려왔습니다.

"빨리 오를레앙 성에 가서 나라를 구하라!"

잔 다르크는 그길로 오를레앙 성으로 달려 가서 샤를 황태자를 배알하고 자초지종의 이야기를 진지하게 고했습니다.

샤를 황태자는 잔 다르크의 이야기를 다 듣고 어떻게 하면 좋겠냐고 물었습니다. 잔 다르크는 "여자의 몸이지만 온 힘을 바쳐 신의 말씀을 따르겠습니다." 라고 대답했습니다.

잔 다르크는 황태자의 승낙을 얻어 군대를 이끌고 영국과의 전쟁에 참가하였습니다. 그녀의 참가로 힘을 얻은 프랑스 군인들은 사기가 충천하여 적군과 싸워 1429년에 영국군을 격퇴하였습니다.

그 후 황태자는 왕위를 계승하여 샤를Ⅶ세로 즉위하였습니다. 그 후에도 계속된 전쟁에서 계속 승리를 이끌었습니다. 그러나 계속된 전투에서 충분한 보급이 뒤따르지 못하여 잔 다르크는 브르고뉴파 군인에게 체포되고 말았습니다.

영국과 내통하고 있던 브르고뉴파 군인들은 잔 다르크를 노르망디 투앙 성에 감금하고 종교재판에 회부하였습니다.

종교 재판소는 잔 다르크가 꿈속에서 들은 '나라를 구하라'는 천사의 소리를 먼저 가톨릭 성직자에게 고하지 않고 샤를 황태자에게 알리는 잘못을 저질렀다는 판결을 내렸습니다. 그래서 마침내 이단자(異端者)의 죄목으로 19세의 꽃다운 나이에 극형인 화형(火刑)에 처해지고 말았습니다.

그러나 종교 재판소는 잔 다르크의 화형 집행에 부담을

느꼈던지 1455년의 재심판에서 무죄를 선고했습니다. 한편 잔 다르크의 애국적 무용담은 전설로 이어졌습니다.

드디어 1920년에 가톨릭교회는 잔 다르크를 성녀(聖女)로 추대하였습니다. 그리고 그녀가 처형된 5월 30일을 '잔 다르크의 날'로 정하고 전국적으로 그녀를 추모하고 있습니다.

프랑스의 전설에서 잔 다르크만큼 감동을 주는 이야기는 없습니다. 그녀의 이야기만큼 전기나 연극, 발레, 영화 등의 소재로 이용되는 이벤트는 없습니다.

유관순(柳寬順) 열사는 잔 다르크에 못지않은 한국의 애국 소녀였습니다. 유관순은 1904년에 충남 천안군 병산면에서 농부의 딸로 태어났습니다. 그녀는 1916년에 한 미국 선교사의 도움으로 교비(校費) 장학생으로 서울 이화(梨花)학당에 입학했습니다. 그러다 고등과 1학년 때인 1919년 3월 1일 독립만세운동이 일어나자, 이화학당에 휴교령이 내려 고향에 내려와 있었습니다.

유관순은 지방 유지들과 상의하여 마침 4월 1일이 병천(竝川)면 아우내 장날인 것을 이용하여 그날 아우내 장터에서 조국의 독립만세운동을 일으키기로 하고 그 선봉에 섰던 것입니다.

유관순은 친구들을 통하여 퍼트린 입소문과 전날 밤에 올린 봉화를 보고 모여든 3000여명의 군중에게 지난 3월 1일 서울 탑골공원에서 있었던 서울 시내 중학생들의 독립선언문 낭독 행사 이야기를 전했습니다.

한편 태화관에서 손병희 등 조선민족대표 33명이 정정당당하게 조국의 독립을 선언하고 만세를 부른 이야기를 전했습니다. 그리고 민족대표들이 달려온 일본 헌병들에 의하여 의연하게 서대문형무소로 끌려간 이야기를 눈물로 알렸습니다.

장터에 모였던 군중들은 유관순이 미리 준비한 태극기를 흔들며 독립만세를 소리높이 외치면서 거리로 뛰어나왔습니다. 유관순의 연설을 들은 성난 군중들이 주재소로 몰려가자 일본인들은 도망쳐버렸습니다.

정오경에 증원부대를 얻은 일본 헌병들은 군중에게 마구 총을 쏘며 체포에 들어가 많은 사람들이 사살 또는 부상당했었습니다. 유관순의 아버지와 어머니도 이때 피살되었습니다.

이 사건이 일어나자 유관순은 주모자로 체포되어 공주지

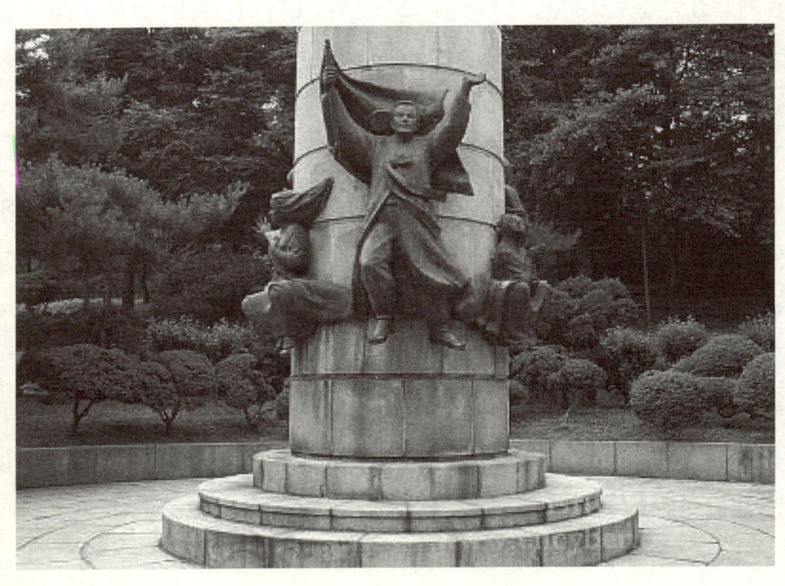

방법원에서 7년의 징역형 판결을 받았습니다. 그래서 서울 서대문형무소에 수감되었습니다. 유관순은 그 판결에 불복하고 항소하였습니다.

1910년에 조국을 강제로 탈취한 일본이 죄인이지, 조국을 되찾겠다는 자신이 무슨 죄가 있냐고 주장했습니다. 그녀는 형무소에서 복역을 하면서도 감방 안에서 매일 만세를 부르며 항쟁을 계속했습니다. 그러다가 1920년에 형무소 지하 여자 형무소에서 17세의 어린나이로 숨을 거두었습니다.

정부는 1962년에 애국 소녀 유관순에게 '건국훈장 독립장'을 수여하였습니다.

1919년(己未년) 3월 1일에 일어난 독립만세운동은 세계에서 일찍이 예가 없는 사건이었습니다. 때마침 세계 제1차 대전이 끝난 후 세계 평화를 위한 국제기구인 '국제연맹(League of Nations)이 창설되면서, 미국의 윌슨 대통령이 온 세계에 대하여 약소민족의 '민족자결주의'를 발표하였습니다.

3.1 독립운동은 여기에 힘을 얻은 애국지사들이 조국의 독립을 주장하며 일으켰던 민족운동이었습니다.

8년 전인 1910년에 조국을 빼앗겼으며, 1919년 1월에 조선의 마지막 황제인 고종(高宗)마저 승하하자, 울분에 싸였던 애국 지사(志士)들이 분연히 일어나 잃어버린 조국의 독립을 선언한 민족운동이었습니다.

독립선언문은 최남선이 지었으며, 탑골공원에서의 독립선언은 한용운이 하였습니다.

24. 달력 이야기

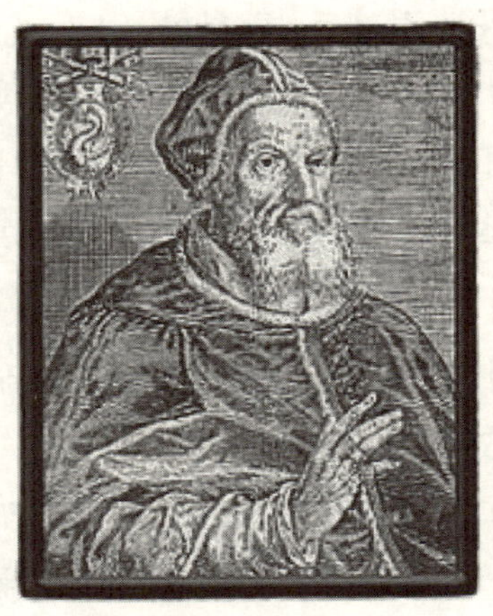

인류의 역사에서 달력의 발명만큼 위대한 업적은 없을 것입니다. 원시인들은 식물의 열매나 줄기, 뿌리, 또는 작은 동물이나 물고기를 잡으며 살았을 것입니다.

세월이 더 흐른 후에 인류는 씨앗을 뿌리고 조류나 짐승을 기르며 훨씬 편하게 사는 방법을 알았을 것으로 여겨집니다. 봄에는 곡물의 씨앗을 뿌리고 가을에 열매를 거두어들이는 농사일을 익혀나갔을 것입니다.

그래서 문명의 발상지 사람들은 그들 나름의 달력을 만들어 사용했을 것으로 여겨집니다. 역사적으로 메소포타미아, 바빌로니아 사람들은 처음에 360일을 1년으로 하는 달력을 만들었다가 후에 365일로 바르게 고쳐 사용하였습니다.

중국에서는 BC 1400년경부터 달의 운동을 기초로 하여 30일을 1달, 12개월을 1년으로 하는 태음력(太陰曆)을 개발하여 사용하였습니다. 그리고 3년마다 윤달을 두어 계절을 맞추어 사용하였습니다.

중앙아메리카 유카탄 반도의 마야인들은 BC 1200년에 그들만의 특이한 달력을 만들어 사용한 유적이 남아 있습니다.

고대문명의 또 다른 발상지인 이집트인들은 태양의 운동을 조사하여 1년을 365일로 하는 매우 정확한 태양력(太陽曆)을 만들어 사용하였습니다.

이집트인들은 그 달력에 맞춰 해마다 축제를 지내며 살았습니다. 그런데 여러 해를 지나면서 축제 날짜가 계절에 맞지 않는 것을 알았습니다. 봄철에 지내던 축제가 무더운 여름철에 지내게 되기도 했습니다. 이유는 1년은 365일이 아니라 365.25일이어서 4년에 1일만큼 날자가 계절보다 앞서가서 생긴 일이었습니다.

그래서 당시의 이집트 왕 톨레미(Ptolemy) Ⅱ세는 1년을 종전대로 365일로 두고, 남는 0.25일이 4년 동안 모여 1일이 되는 날을 '톨레미의 날'로 하여 휴일로 공포하고 모든 국민이 하루를 쉬게 하였습니다.

이렇게 하여 처음으로 윤년(閏年) 제도가 도입되었습니다. 그래서 윤년은 366일이 됩니다.

세월이 많이 흐른 후 로마제국의 황제 율리우스 시저

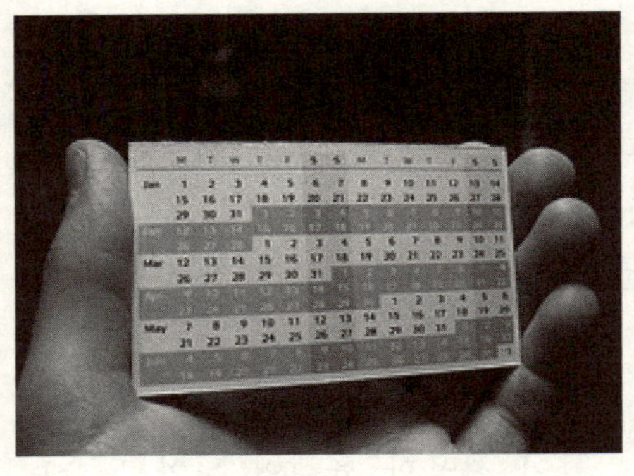

(Julius Caesar)가 이집트로 도망가버린 반대파를 잡는다는 명목으로 BC 47년에 이집트로 쳐들어갔습니다. 그래서 문명의 중심지였던 알렉산드리아를 점령하였습니다.

한편 이집트 여왕 클레오파트라는 시저에게 대항하기는 커녕 그를 맞이하며 침대를 내주었습니다. 의기양양해진 시저는 마음에 드는 이집트 문물을 많이 로마로 가져갔는데, 그중에서도 이집트의 달력이 매우 정확한데 놀랐습니다.

시저는 개선장군으로 로마로 돌아올 때 이집트의 천문학자 소시게네스를 데리고 왔습니다. 이렇게 하여 로마제국은 BC 45년 1월 1일자로 '율리시스 달력(Julian Calender)'을 시행하였습니다.

그런데 태양력의 정확한 1년은 365.2422일이었습니다. 그래서 1년을 365.25일로 한 율리시스 달력은 매년 11분의 오차가 생겨나갔습니다. 이것은 10년이면 110분(1시간50분), 100년이면 1,100분(약 18시간), 1,000년이면 183시간, 약 7.6일의 오차가 생기게 됩니다.

그래서 1582년에 교황 그레고리 XIII세가 그 동안 빨리 지나간 날짜를 정정하고 그레고리 달력을 선포하였습니다. 그리고 새로운 윤년 시스템을 발표하였습니다.

그래서 4년마다 오는 윤년 중에서 400으로 나누어지는 해는 윤년으로 두나 100으로 나누어지는 해는 윤년에서 제외하기로 명했습니다.

예를 들면 2000년, 2400년은 400으로 나누어지므로 윤년이나 1900년, 2100년, 2200년은 100으로만 나누어지므로 윤년에서 제외됩니다. 이것을 '그레고리 달력'이라고 합니다. 그러나 이것도 완전한 것은 못되고 1년에 약 2초의 오차가 생긴다고 합니다.

우리나라는 그레고리 달력을 사용하기 전에는 전적으로 태음력을 써왔습니다. 태음력은 달의 운행을 기초로 만든 달력이므로 날짜와 계절이 맞지 않습니다. 실제로 태양력과 태음력은 매년 11일의 차이가 생깁니다. 그래서 태음력에서는 계절을 맞추기 위하여 24절기를 정하여 그것을 기준으로 농사일의 시기를 맞추고 있습니다. 그리고 3년에 1개월의 윤달(閏月)을 두어 날짜를 맞추어 나가고 있습니다.

우리나라는 3면이 바다로 둘러싸여 있어 어업과 해운업에 종사하는 사람들은 태음력을 같이 사용하고 있습니다. 매일 바다에서 일어나는 썰물과 밀물 현상, 그리고 달마다 일어나는 사리와 조금의 현상은 모두 달의 운행과 깊은 관계가 있기 때문입니다. 섬사람들과 어업에 종사하는 사람들에게는 태음력이 태양력 못지않게 생활과 깊은 관계가 있기 때문입니다.

25. 다이아몬드 이야기

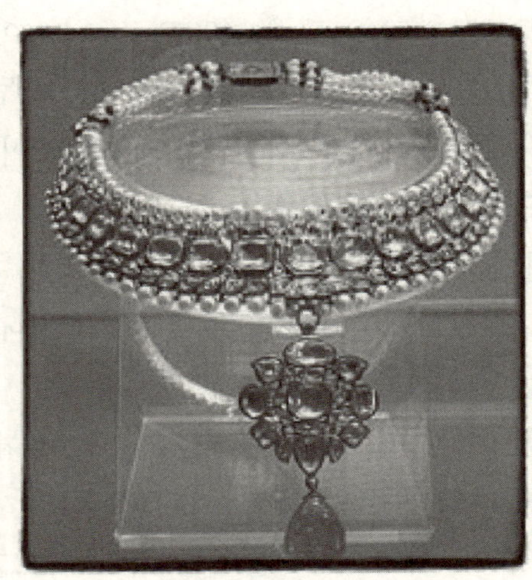

황홀한 광채를 내서 사람들, 특히 여성의 마음을 사로잡는 다이아몬드는 으뜸가는 보석(寶石)입니다. 그런데 다이아몬드는 숯검정과 같은 검은 원소(元素)인 탄소(C)로 되어 있습니다. 그 선망의 다이아몬드가 일상생활에서 흔히 접하는 검은 숯(炭)이나 석탄, 흑연 등과 동일한 원소로 된 물질이라니 언뜻 믿어지지 않습니다.

값이 비싸며, 귀중한 보석으로 알려지고 있는 다이아몬드는 BC 100년경부터 애용되었다는 기록이 있습니다. 다이아몬드의 어원은 그리스어 아다마스(adamas, 정복하기 어려운)

에서 온 말이라고 합니다.

다이아몬드는 지구가 냉각될 때 지각(地殼) 속에 섞여 있던 탄소에 내부의 높은 열과 큰 압력이 작용하여 형성된 것으로 보고 있습니다.

탄소(C)는 지구상에서 두 가지 형태로 존재합니다. 검고 불에 타는 석탄과 찬란한 보석인 다이아몬드 두 가지 형태입니다. 이와 같이 동일한 원소로 되어 있으면서 원자의 배열과 결합 상태가 달라서 다른 물질로 존재하는 물질을 동소체(同素體)라고 합니다.

다른 동소체로는 산소(O_2)와 오존(O_3)이 있습니다. 이것들은 모두 산소로 되어 있는 동소체입니다. 또 인(燐, P)의 백(白)린과 적(赤)린도 동소체입니다.

금강석이라고도 부르는 다이아몬드는 또 지구상에서 가장 단단한 물질로 알려져 있습니다. 일상생활에서 흔히 단단한 물질이라고 하면 상식적으로는 강철을 생각하기 쉬운데, 사실을 말하면 금강석의 굳기를 어른이라고 하면 강철의 굳기는 어린애에 불과하다고 생각하면 됩니다.

일반적으로 두 물질의 '굳기'를 비교하는 방법에 두 물질의 면을 서로 긁어보는 흔적(痕跡) 테스트가 있습니다.

독일의 광물학자 모스(Mose)가 1820년에 이 흔적 테스트를 통하여 기본 광석 10개의 경도(硬度 굳기)를 발표한 일이 있습니다. 이것을 '모스의 경도'라고 합니다.

1.활석(滑石) 2.석고(石膏) 3.방해석(方解石) 4.형석(螢石)
5.인회석(燐灰石) 6.정장석(正長石) 7.수정(水晶)

8.황옥(黃玉) 9.강옥(鋼玉) 10.다이아몬드(金剛石)

모스의 경도는 연한 것부터 차례로 단단한 순서로 광석 10개의 굳기를 정한 것입니다. 그러나 이것은 굳기의 순서를 정해놓은 것에 불과합니다.

예를 들면 경도 9인 강옥과 경도 10인 다이아몬드의 경도차는 1인데, 경도 1인 활석과 경도 9인 강옥의 경도차는 8입니다. 그런데 강옥과 다이아몬드의 경도차 1이 활석과 강옥의 경도차 8보다도 더 엄청나게 큽니다.

경도는 공업적으로 물건을 만드는데 긴요하게 이용되고 있습니다. 일반적으로 경도가 낮은 물체는 경도가 높은 물질로 만든 도구로 제작할 수 있습니다.

대개의 물질은 강철로 만든 도구로 제작합니다. 목재품은 강철로 만든 톱이나 칼로 자르고 다듬어서 제품을 만들어 사용합니다.

그러면 다이아몬드 원석은 어떤 도구로 그것을 자르고 깎아서 보석을 만들 수 있을까요? 다이아몬드는 너무 단단해 그것을 절단하고 갈아서 보석으로 만들 수 있는 다른 물질은 없습니다. 오직 유일한 물질은 다이아몬드 자신밖에 없습니다.

그래서 다이아몬드 원석을 자르는 것은 다이아몬드 가루로 만든 다이아몬드 톱밖에 없습니다. 다이아몬드 제품뿐만 아니라 강철(鋼鐵)이나 석재(石材) 등 다른 굳은 물질을 절단(切斷)하거나 연마(硏磨 갈기), 천공(穿孔 구멍 뚫기)하는데도 다이아몬드로 만든 공구가 쓰이고 있습니다.

또 렌즈나 유리 제품의 연마(갈기)나 절단에도 다이아몬드로 만든 공구가 널리 쓰이고 있습니다.

다이아몬드라고 하면 여성들의 총애를 받는 고가의 보석을 연상하기 쉬우나 더 많은 양의 다이아몬드는 이와 같이 공업용으로 이용되고 있습니다. 실제로 세계 다이아몬드 생산량의 90%는 공업용 공구 제조에 쓰이고 있습니다. 그래도 모자라 최근에는 합성 다이아몬드가 생산되고 있습니다.

26. 물리학계를 뒤집어 놓은 라듐의 발견 이야기

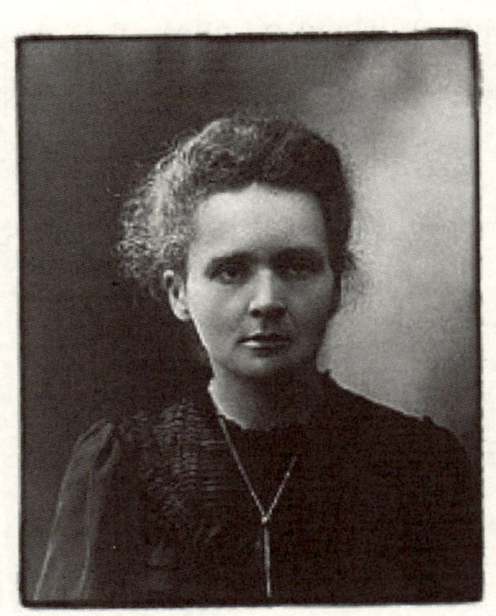

지구상에는 가장 가벼운 원소(元素)인 수소(H)로부터 93번째로 무거운 원소인 로렌슘(Lr)까지 많은 원소가 있습니다. 이밖에 인공적으로 만들어진 것까지 합치면 100여 종의 원소가 알려져 있습니다.

이중에서 대부분의 원소는 안정되어 있으나 88번째로 무거운 원소인 라듐(Ra) 등 몇 가지 원소는 불안정하여 스스로 붕괴되어 다른 물질로 변하는 성질이 있습니다. 이와 같은 원소를 방사성 원소라고 합니다.

라듐은 그 대표적인 원소 중의 하나입니다. 라듐은 일정한 비율로 방사선을 내쏘며 자신은 납(鉛)으로 변합니다. 그 붕괴되는 비율은 어떤 방법으로도 멈추게 할 수 없으며 변화시킬 수도 없습니다. 사람의 힘으로는 그 붕괴 과정을 마음대로 조종할 수가 없습니다.

1898년에 라듐의 이 놀라운 붕괴 사실을 발견한 사람은 폴란드 출신 마리아 퀴리 여사와 그의 남편 피에르 퀴리였습니다.

마리아는 프랑스에 유학와서 한때 물리학자 베크렐 교수 연구실에 근무한 일이 있었습니다. 그녀는 연구실에서 우연히 책상 서랍에 피치블렌드 광석으로 사진 원판을 눌러놓은 일이 있었습니다. 그런데 어떤 날 그 사진 원판을 현상했는데, 마치 무엇이 지나간 듯 사진에 어떤 선(線)의 흔적이 나 있었습니다.

베크렐 교수는 피치블렌드 광석에서 나오는 눈에 보이지 않는 어떤 선(ray)의 흔적일 것이라고 결론지었습니다, 별다른 이름이 떠오르지 않아 그 선을 그냥 '베크렐 선'이라고 하였습니다.

그 후 마리아는 피에르 퀴리와 결혼했는데, 그녀는 언제나 '베크렐 선'의 본질이 무엇인지 그것이 궁금하였습니다. 그녀는 남편을 설득하여 공동으로 그 선의 정체를 밝히기로 하였습니다.

그들은 멀리 요하임스탈로부터 구해온 10톤의 피치블렌드 광석을 망치로 잘게 부수는 힘든 작업을 시작했습니다. 돈이 없었기 때문에 부부가 그 작업을 모두 손수 하였습니다. 그리고 큰 가마솥에서 그 수용액을 증발시키는 고된 실험에 들어갔습니다.

장기간의 노고 끝에 그해 11월 어느 날 겨우 1/10g의 액체가 들어 있는 시험관 1개를 얻어 실험실 한구석에 보관하고 잠이 들었습니다.

새벽 3시쯤 부부가 잠에서 깨어 실험실에 들어갔을 때 시험관에서 파르스름한 빛이 발산되고 있었습니다. 램프를 켰더니 빛은 사라지고 시험관 속에는 하얀색 작은 결정(結晶)이 있었습니다.

이렇게 하여 그들은 빛을 내쏘는(radiating) 새로운 원소를 발견하였습니다. 퀴리 부부는 고된 작업 끝에 피치블렌드 광석에서 찾아낸 '빛을 내는 물질'을 '라듐'(radium)이라고 이름을 지었습니다.

이 일이 있은 후 퀴리 부부는 연구 끝에 라듐(Ra)은 방사선을 내며 붕괴되어 마침내 납(鉛)으로 변한다는 것을 알아냈습니다.

지금 10g의 라듐이 있다고 하면 그것이 붕괴되어 처음의 반(半)인 5g의 납으로 변하는데 1602년이 걸리는 것을 알았습니다. 계속해서 그것의 반인 2.5g의 납으로 변하는데 1602년이 걸립니다. 이와 같이 방사성물질이 어떤 주어진 양의 반으로 붕괴되는데 걸리는 시간을 반감기(半減期)라고 합니다. 그러므로 라듐의 반감기는 1602년임을 알았습니다.

퀴리부부의 라듐 발견은 그때까지의 과학 이론을 완전히 허물어 놓았습니다. 영국의 물리학자 돌턴의 '원자설'을 송두리째 뒤집어 버렸기 때문입니다. 돌턴은 모든 물질은 가장 작은 알맹이인 원자(原子)로 되어 있다고 주장하였습니다. 그리고 원자는 더 작게 나눌 수 없다고 했습니다.

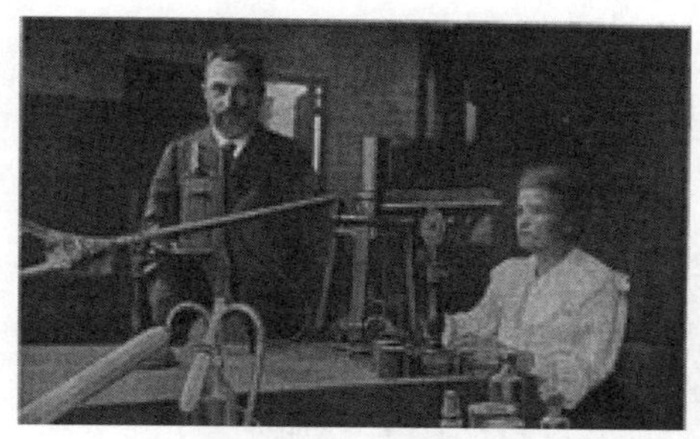
실험실의 퀴리 부부

그런데 라듐의 발견으로 방사성 원소에서는 원자가 분열되어 다른 물질로 변하고 있음이 밝혀졌기 때문입니다. 즉 라듐 원자는 스스로 붕괴되어 눈에 보이지 않는 어떤 광선을 내쏘고 있었습니다.

퀴리 부부의 라듐 발견은 과학자들로 하여금 원자 구조에 대한 새로운 연구에 돌입하게 하였습니다. 실제로 퀴리 부부의 라듐 발견 13년 후인 1911년에 영국의 과학자 러더퍼드와 보어 두 교수는 공동으로 '러더퍼드-보어의 원자 구조론'을 발표하였습니다.

이 이론에 의하면 마치 태양계에서 중심에 태양이 있고 지구 등 행성들이 그 주위를 돌고 있듯이 원자의 생김새는 중심에 핵이 있고 그 주위를 전자들이 돌고 있다고 발표하였습니다. 그리고 핵 속에는 +전기를 띠고 있는 양성자 수와 주위를 돌고 있는 −전기를 띠고 있는 전자 수가 같아서 전기적으로 중성을 이루고 있다고 설명하였습니다.

후에 다른 학자들에 의하여 핵 속에는 중성자, 중간자, 중성미자 같은 다른 입자들이 있다는 것이 밝혀졌습니다. 퀴리 부부의 라듐 발견은 오늘날의 원자 과학의 기초가 되었습니다.

27. X-선을 발견한 뢴트겐 이야기

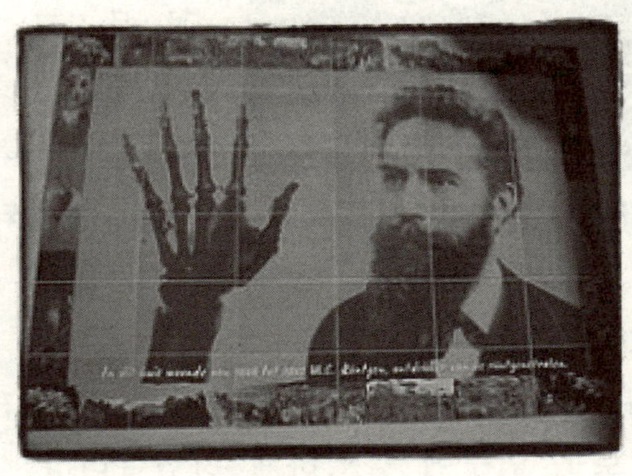

1890년대 들어 영국 물리학자 크룩스(W. Crooks) 경은 진공 유리관 속에 고압의 전류를 흐르게 하는 실험을 통하여 일종의 빛이 생기는 현상을 발견하였습니다.

진공 유리관 속에 도선으로 연결된 양극을 밀봉하고 높은 전압의 전류를 통하였더니 관 속에 일종의 산광 현상이 일어났습니다. 진공의 정도를 더 높였더니 음극의 맞은편 벽에 녹황색의 빛이 나타났습니다.

크룩스는 음극에서 눈에 보이지 않는 어떤 빛이 나가는 것이라고 생각했습니다. 그는 자기의 생각이 맞는지 알기 위하여 진공관 중간에 십자형의 판을 넣어 보았더니 맞은편에 십자표의 그림자가 나타났습니다.

이 실험을 통하여 그는 음극에서 눈에 보이지 않는 어떤 선(ray)이 나가는 것을 확인하였습니다. 크룩스는 그 선을 음극에서 나가는 일종의 빛이라고 생각하여 음극선(陰極線)이라고 불렀습니다. 사람들은 그 진공관을 '크룩스 관'이라고 불렀습니다.

이 소식을 들은 여러 나라 과학자들은 앞 다투어 음극선에 관심을 가지게 되었습니다. 독일 과학자 뢴트겐(W. C. Roentgen)도 그 음극선이 도대체 무엇인지 규명해보기로 마음먹었습니다.

뢴트겐은 1895년 어느 날, 실험실에 크룩스관을 만들어 놓고 음극선에 대한 여러 가지 실험을 해보았습니다. 하루는 음극선이 마분지를 뚫고 지나가는가를 보기 위하여 크룩스관 앞에 마분지 상자를 설치해 가려놓고 음극선 실험을 하였습니다.

그런데 스위치를 넣는 순간 실험실 앞면에 걸려 있던 형광 스크린 위에 희미한 자신의 손뼈 그림자를 본 것 같은 느낌을 받았습니다. 형광 스크린은 전에 다른 실험을 하면서 걸어두었던 것이었습니다. 그는 이 사실을 놓치지 않았습니다.

그는 크룩스관의 음극과 양극을 여러 가지 금속으로 바꾸어가며 실험을 한 끝에 분명 음극선과는 다른 어떤 선이 있음을 직감했습니다.

그는 스위치를 넣고 자신의 손을 크룩스관 앞에 내밀어 보았습니다. 그랬더니 어김없이 자신의 손뼈 그림자가 더 분명하게 스크린 위에 나타났습니다.

만약 거기에 형광 스크린이 없었다면 그의 손뼈 그림자

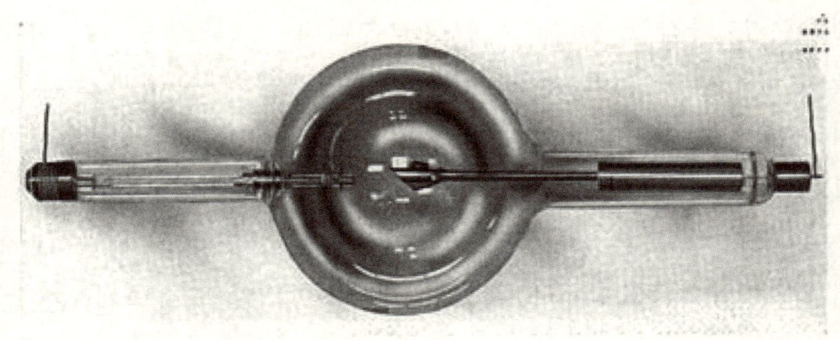

최초의 엑스선관

를 보는 놀라운 업적은 일어나지 않았을지도 모릅니다. 그의 놀라움은 기쁨으로 변했습니다.

그는 발견한 그 불가사의한 광선이 무엇인지 확실히 알지 못했습니다. 겸손했던 그는 자기의 이름으로 그 광선을 부르지 않고 아직 무엇인지 모른다는 뜻에서 'X-선'이라고 발표하였습니다. 그러나 후세 사람들은 그의 이름을 따서 '뢴트겐선'이라고 불렀습니다.

뢴트겐 교수는 너무 기뻐서 제일 먼저 어머니에게 이 X-선의 소식을 전했다고 합니다.

X-선은 눈에는 보이지 않으나 투과력(透過力)이 매우 강한 광선입니다. 쇠나 돌 같은 굳은 물질은 투과하지 못하나 피부나 살(근육) 같은 연한 물질은 뚫고 지나갑니다.

과학자들은 X-선을 이용하여 생물의 몸을 건드리지 않고 신체 내부 구조의 생김새를 상세하게 볼 수 있게 되었습니다.

X-선은 또 사진을 찍을 수 있습니다. 그래서 의학, 과학 등 여러 산업분야에서 널리 이용하고 있습니다.

X-선은 눈에 보이는 가시광선과는 매우 다른 특성을 가

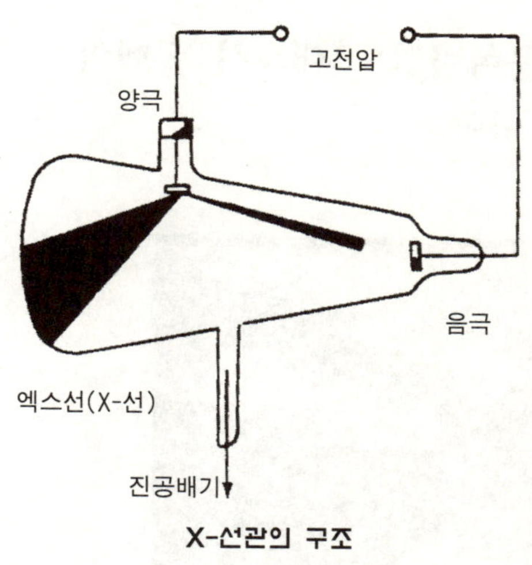

X-선관의 구조

지고 있습니다. X-선은 파장이 매우 짧은 광선입니다. 파장이 짧은 선일수록 물질을 뚫고 지나가는 힘이 강합니다.

X-선은 1/100,000,000 기압 이하의 진공 유리관 속에서 발생합니다. 진공관 속의 음극(−)은 텅스텐 코일로 되어 있는데, 고압 전류가 흐르면 여기에서 전자가 튀어나갑니다.

다른 쪽 양극(+)에는 텅스텐 판이 있는데 음극에서 튀어나온 전자들이 매초 96,000~280,000km의 빠른 속도로 이 판에서 반사되어 X-선으로 방출하게 됩니다. 그 전자들의 대부분은 열로 변하나 일부가 X-선으로 방출되어 유용하게 이용되고 있습니다.

뢴트겐은 X-선 발견의 공로로 1901년에 노벨 물리학상을 받았습니다.

28. 하루 아침에 묻혀버린 고대도시 폼페이 이야기

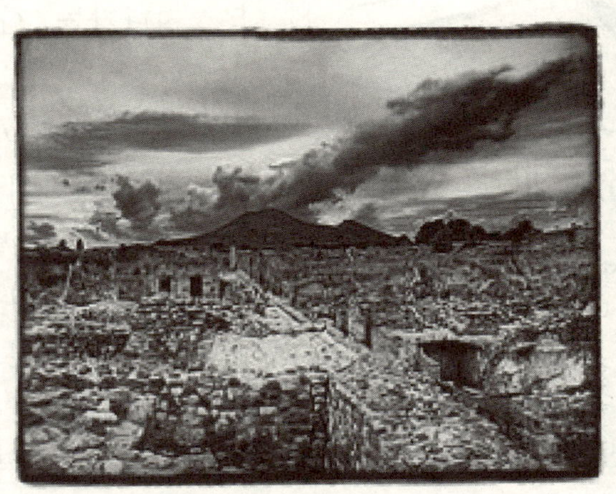

이탈리아를 여행하는 사람들이 반드시 찾는 명소의 하나는 1900여 년 전 하루 아침에 땅속에 묻혀버린 고대도시 폼페이(Pompeii)의 유적지일 것입니다.

고대의 귀족들과 부호들이 영화를 누렸던 이 도시는 AD 79년 8월 24일 정오 조금 넘어 베수비오(Vesuvio) 화산의 폭발로 도시 전체가 파묻혀버렸습니다. 3일 동안 계속된 이 화산의 대분출로 부근 3km 거리에 있던 이웃 고대도시 헤르쿨라네움(Herculaneum)은 분화구에서 흘러내린 용암(鎔岩)과 화산재로 깊이 파묻혀 버렸습니다. 그리고 귀족들과 부호, 상인들이 영화를 누렸던 해안도시 폼페이도 그곳까지 날아온 화산 자갈과 화산재, 흙더미로 6~9m 깊이로 묻혀 버렸습니다. 그 후 이 두 고대도시는 완전히 땅속에 묻힌 채 전설로만 전해올 뿐, 1500여 년 동안 사람들의 기억에서 잊혀버려진 채 지내왔습니다.

그러다가 1594년에 그곳에서 토목공사를 하던 사람이 고가수로(高架水路)로 추정되는 시설물을 발견하였습니다. 더 발굴해보니 땅속에서 옛 가옥이 나타났습니다. 그리하여 그곳이 고대도시의 시가지(市街地)였음이 밝혀졌습니다. 이렇게 하여 그곳이 로마시대의 고대도시 폼페이임이 알려지게 되었습니다.

그 후 1738년부터 발굴이 시작되다가 1860에 본격적인 발굴사업이 시작되었습니다. 그리하여 현재까지 본래 시가지의 약 80%가 발굴되었습니다. 다행스러운 것은 폼페이 시가지를 뒤덮었던 화산재나 자갈이 섞인 흙더미 내부가 건조한 상태여서 땅속에 묻힌 가옥의 벽화 등 문화재가 거의 손상 없이 보존된 일이었습니다.

폼페이의 역사는 기원전 5세기로 거슬러 올라갑니다. 처음 폼페이는 그리스의 도시국가 구마의 식민지였습니다. 뒤이어 삼니움(Samnium) 족이 지배하여 오다가 기원전 4세기부터 로마와 동맹을 유지하며 지냈습니다. 그 후 기원전 3세기에 로마가 점령하였던 고대도시였습니다.

이와 같이 폼페이는 여러 지배 세력이 바뀌면서 건축양식이나 생활습관, 예술의 양식이 다양하게 변했습니다. 또 농업, 상업, 각종 산업이 발달되었던 도시였습니다. 헬레니

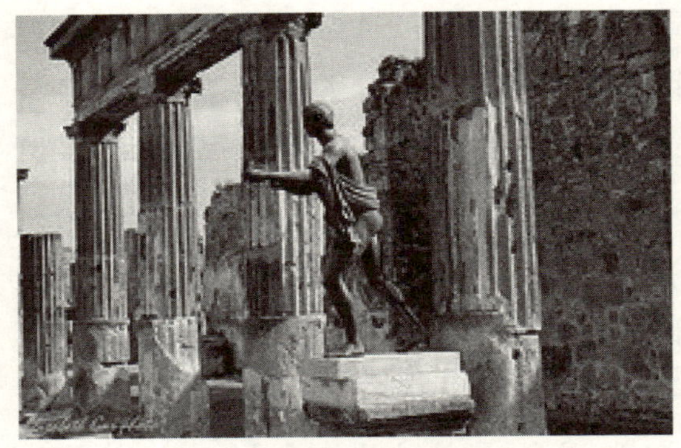

발굴된 폼페이 유적

즘의 문화흔적이 남아 있는 것은 이 때문입니다.

땅속에 매몰될 당시 폼페이에는 약 2만 여명이 거주하였는데 당시 2,000여 명이 사망한 것으로 전해지고 있습니다. 그러나 행정당국의 주의 깊은 보호와 발굴 작업으로 고대 주민들의 가옥, 벽화, 미술품, 공구, 풍속도, 고대의 상점과 주점 등이 원형 그대로 보존되어 있습니다.

폼페이를 찾아가는 관광객들은 그들의 유물이나 유품, 시가지 등을 통하여 당시 귀족들의 생활상이 얼마나 화려했는가를 보고 놀랍니다.

귀족, 부호들의 주택은 물론 노천음악당, 연극공연장, 공동목욕탕 등의 공공시설, 사원, 포장도로, 수도 시설인 고가수로 등이 원형대로 보존되어 있어 감명을 받습니다.

훌륭한 벽화를 비롯하여 가치 있는 명품들은 멀지 않은 나폴리박물관에 보관되어 있습니다. 그러나 대부분의 유물은 이곳을 찾는 관광객들을 위하여 현지에 원형대로 전시하고 있습니다. 일반적으로 그들의 생활상은 모두 실용적인 인상이었는데, 향락과 쾌락주의였던 면도 많습니다.

베수비오 화산은 세계 3대 미항의 하나로 꼽히는 나폴리항 동남쪽 12km 지점에 위치하고 있습니다. 이 화산은

1631년에도 폭발하여 많은 사상자를 내는 등 여러 번 폭발 활동을 한 유럽 유일의 활화산입니다.

이 화산은 1944년을 마지막으로 지금은 화산 활동을 멈추었습니다. 높이 1,280m의 산정에는 지름 500m, 깊이 250m의 분화구가 남아 있습니다.

지금은 분화구 언저리까지 등산 코스가 설치되어 있어 사람들의 등산을 허용하고 있습니다. 또 분화구 정상까지 자동차 도로가 설치되어 있어 폼페이를 찾는 많은 관광객은 이곳 휴게소에서 서북쪽으로 보이는 아름다운 나폴리 항의 전경을 볼 수 있습니다.

29. 근대 올림픽 경기 이야기

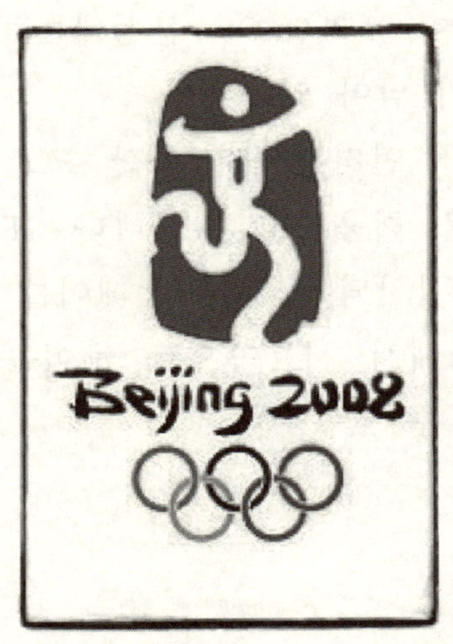

근대 올림픽 경기는 프랑스의 교육가이며 역사학자인 쿠베르탱(P. Coubertin, 1863~1937)의 제창으로 1896년에 시작되었습니다. 그는 고대 역사를 공부하면서 그리스 도시국가들이 기원전 1600년경부터 매 4년마다 성지 올림피아(Olympia)에서 고대 올림픽 경기를 한 것을 알았습니다.

그들은 그리스의 수호신 올림포스(Olympos)에게 바치는 제전(祭典) 행사로 올림픽을 시작했는데, 도시국가 상호간의 평화와 행복, 그리고 혹시 있을지 모르는 재해에 대처하는 행사로 치렀다고 합니다.

그리스의 고대 올림픽은 상호간의 협력 아래 꾸준히 치

러지다 AD 393년 대회를 마지막으로 293회 만에 막을 내렸다고 합니다.

쿠베르탱은 이와 같은 고대 올림픽의 유래와 역사에 기초하여 국가 간의 평화와 인간 상호간의 친목을 위한 세계적인 근대 올림픽의 필요성 설득에 나섰습니다.

유럽의 여러 나라와 미국을 설득하여 1894년에 국제올림픽위원회(IOC) 창설에 성공하였습니다. 자신이 그 위원장에 선출되자 근대 올림픽도 고대 올림픽과 마찬가지로 매 4년마다 대회를 열기로 의견의 일치를 보았습니다.

대회는 한 곳에서만 개최하지 말고 개최를 희망하는 나라 중에서 올림픽위원회가 선정하기로 하였습니다. 다만 제1회 근대 올림픽대회는 고대 올림픽의 발상지인 그리스 아테네에서 개최하기로 합의를 보았습니다.

제1회 대회는 13개국이 참가하여 1896년 4월 5일부터 10일간 개최되었습니다. 모두 8개 종목(세부 41종목)이 치러졌습니다.

1900년에 개최된 제2회 대회는 프랑스 파리에서 열렸는데 모두 22개국, 1,107명이 참가했습니다.

제3회 대회는 1904년에 미국 세인트루이스에서 11개국, 532명이, 1908년에 열린 제4회 런던 대회에는 22개국의 선수 2,039명이 참가했습니다. 이 대회부터 여자선수도 참가하였습니다.

1912년 스웨덴 스톡홀름에서 개최된 제5회 대회에는 28개국 2,504명이 참가했습니다. 이 대회에서 처음으로 5색 동그라미의 올림픽기가 제정되었습니다.

그러나 제6회 베를린 대회는 제1차 세계대전으로 열리지 못했습니다.

1936년에 열린 제11회 베를린 대회에는 49개국 3,900명의 선수가 참가했습니다. 일제치하였는데 마라톤에서 우리나라 손기정 선수가 2시간 29분 19초의 기록으로 월계관을 썼습니다. 또 남승룡 선수도 동메달을 목에 걸어 온 겨레가 흥분에 싸였습니다.

이어서 1940년, 1944년의 두 대회는 제2차 세계대전으로 열리지 못했습니다.

1980년 제22회 모스크바 대회에는 소련의 아프가니스탄 침략에 항의하여 미국이 참가하지 않았으며, 1984년의 제23회 로스앤젤레스 대회에는 소련과 동유럽 공산국가들이 불참하였습니다.

그러나 전쟁이 없는 한 대회가 계속 열리면서 대회의 경기종목이 육상 이외에 자전거, 수영, 카누, 요트, 축구, 농구, 배구, 핸드볼, 유도, 레슬링, 역도 등 20종목으로 늘어났습니다.

동계올림픽 대회는 1924년부터 하계대회와 같은 해 겨울에 열렸습니다. 그러다가 1994년부터 하계대회와 2년의 차를 두고 역시 4년 간격으로 개최하기로 규정이 바뀌었습니다. 동계올림픽의 종목은 스키, 스케이팅 속도경기, 쇼트트랙, 피겨스케이팅, 아이스하키, 눈 썰매, 루지(1인용 썰매), 비아슬론 등이 있습니다.

경기 종목은 국제올림픽위원회가 수시로 채택하고 있어 현대 올림픽 경기 종목 수는 매회 증가하는 추세에 있습니

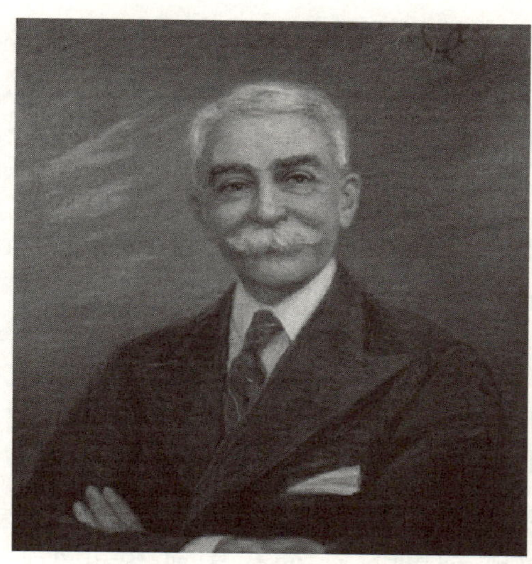
근대 올림픽을 부활시킨 쿠베르탱

다.

제 24회 하계올림픽대회는 1988년 9월 17일부터 10월 2일까지 16일간 서울에서 개최되었습니다. 모두 161개국에서 13,309명의 선수가 참가했는데 올림픽 역사상 가장 화려하고 성대한 대회였습니다.

이 대회에는 정식종목 육상, 양궁, 농구, 복싱, 카누, 사이클, 승마, 펜싱, 축구, 체조, 핸드볼, 하키, 유도, 근대 5종, 조정, 사격, 수영, 탁구, 테니스, 배구, 역도, 레슬링, 요트의 23개와 시범종목으로 야구, 태권도 2개가 치러졌습니다.

성적은 금메달 55개를 차지한 소련이 1위였으며, 금메달 37개를 차지한 동독이 2위, 금메달 36개를 차지한 미국이 3위를 했습니다. 4위는 금메달 12개를 차지한 대한민국이, 5위는 금메달 11개를 딴 서독이 차지했습니다.

여기서 특기할 것은 서울대회를 마치고 머지않아 소련과 동구 공산권 국가들이 모두 무너진 일입니다. 제 2차 세계대전 후 이념문제로 갈라져 대치하던 공산 동독이 독일로 통일되었습니다.

1992년에 열린 제25회 바르셀로나 대회에서는 우리나라

황영조 선수가 마라톤에서 2시간 13분 23초의 기록으로 금메달을 따냈습니다. 이것은 1936년 제 11회 베를린 대회에서 손기정 선수가 2시간 29분 19초로 월계관을 쓴 후 2번째 마라톤 우승이었습니다. 현재 마라톤은 아프리카 선수들의 독무대가 되고 있는데 2시간 6분 시대가 되었습니다.

2000년 제 27회 시드니 하계대회부터 한국의 전통 국기인 태권도가 정식 경기종목으로 채택되었습니다. 태권도가 세계적 스포츠로 일반화되었음을 의미합니다. 이 대회에서 한국은 금메달 8개, 은메달 10개, 동메달 11개를 얻어 12위를 차지해 스포츠 강국임을 과시했습니다.

2004년 아테네에서 2번째 개최된 제 28회 하계 올림픽대회에서 우리나라는 금메달 9개, 은메달 12개, 동메달 9개, 도합 30개의 메달을 획득하여 9위를 차지하는 쾌거를 거두었습니다.

2008년 8월에 개최된 제 29회 베이징(北京) 대회에서 우리나라는 금 13개, 은 10개 동 8개 등 도합 31개의 매달을 따내 종합 7위를 차지했습니다. 특기할 것은 불모지로 여겨졌던 수영 400m에 박태환, 역도에 장미란, 야구팀이 금메달을 차지한 쾌거입니다.

30. 황도대(黃道帶) 이야기

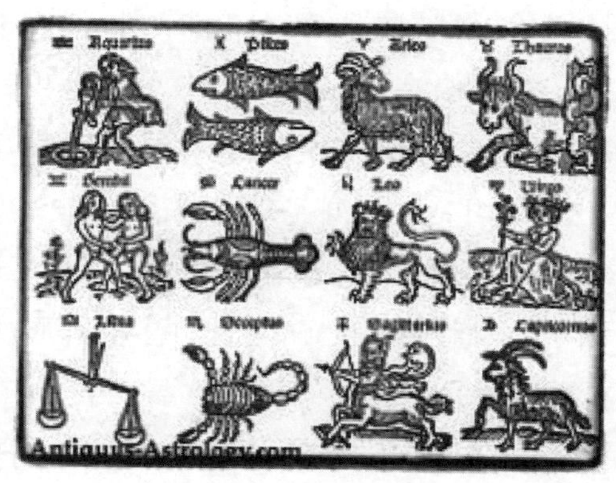

밤하늘에 반짝이는 무수한 별들은 마구잡이로 흩어져 있는 것 같이 보이나 몇 개씩 서로의 위치 관계를 유지하며 배열되어 있습니다. 그래서 그것들이 마치 어떤 사물의 형상을 이루고 있는 것 같이 보입니다.

유럽의 고대 학자들은 일찍부터 이 사실을 알고 몇몇 별들의 그룹을 별자리(성좌)라고 불렀습니다. 그들은 그 별자리의 배열상태를 어떤 물건이나 동물의 모양으로 형상화하여 라틴어로 이름을 붙였습니다. 그 이름 가운데는 전설에 나오는 신(神)이나 영웅, 또는 유명한 인물의 이름을 붙인 것도 있습니다.

그들은 그 별자리 중에서 매달 황도(태양이 지나가는 궤도)에 나타나는 12개 별자리를 조사하였습니다. 이렇게 하여 매월 나타나는 별자리 12개를 정했는데 주로 동물의 이름으로 되어 있습니다,

이 12개의 별자리를 12궁(宮)이라고 합니다. 이것을 다른 말로는 황도대(黃道帶)라고도 합니다. 이것을 또 짐승 띠(獸帶)라고도 하는데. 그것은 12궁 별자리 중 10개가 짐승(동물)의 이름으로 되어 있기 때문입니다.

우리나라에 있는 어린이 공원에는 돌(같은) 구조물로 만든 12궁(짐승 띠) 별자리의 모형을 원형(圓形)으로 조성해 놓은 곳이 많습니다.

거기에는 매달 그 달에 황도 동쪽 하늘에 나타나는 별자리가 하나씩 표시되어 있습니다. 그 별자리는 그 전달부터 3개월 동안 나타남을 표시하였습니다.

12궁(짐승 띠, 황도대)은 다음과 같습니다.

달	12궁(짐승 띠)	볼 수 있는 달
11월	제1궁 백양(Aries)	10월, 11월, 12월
12월	제2궁 황소(Taurus)	11월, 12월, 1월
1월	제3궁 쌍둥이(Gemini)	12월, 1월, 2월
2월	제4궁 게(Cancer)	1월, 2월, 3월
3월	제5궁 사자(Leo)	2월, 3월, 4월
4월	제6궁 처녀(Virgo)	3월, 4월, 5월
5월	제7궁 저울(Libra)	4월, 5월, 6월
6월	제8궁 전갈(Scorpio)	5월, 6월, 7월
7월	제9궁 사수(Sagittarius)	6월, 7월, 8월

8월	제10궁	염소 (Capricorn)	7월, 8월, 9월
9월	제11궁	물병(Aquarius)	8월, 9월, 10월
10월	제12궁	물고기(Pisces)	9월, 10월, 11월

그러므로 12궁의 각 별자리는 계절을 나타내는 달력이라고 할 수 있습니다.

백양궁은 12월 하순 중천에 나타나는 3각형 꼴의 별자리입니다.

황소궁은 겨울 저녁 머리 위에 나타납니다. 쌍둥이궁은 3월 초순에 나타나며 게자리궁은 봄날 초저녁에 남쪽 머리 위에 나타납니다.

사자궁은 봄철에 나타나는 큰 별자리로 서양 낫 모양으로 보입니다. 처녀궁은 초여름 남쪽 하늘에 나타나며, 저울궁은 초여름 저녁 남쪽하늘에서 볼 수 있는데 가지가 달린 네모꼴 모양으로 보입니다.

전갈궁은 여름철 남쪽하늘에 S자모양으로 나타나며, 사수궁은 작은 국자모양으로 보입니다. 염소궁은 9월 하순에 남쪽하늘에 나타나며, 물병궁은 10월 하순 초저녁에 남쪽하늘에 나타납니다. 물고기궁은 11월 초저녁 남쪽 중천에서 길고 가

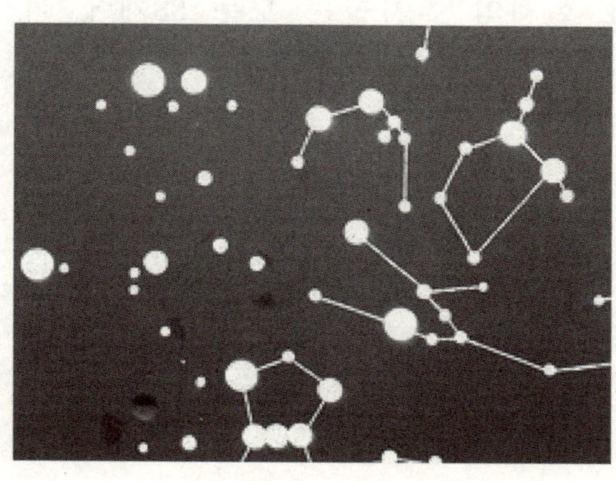

여러 가지 별자리의 모양

는 V자형으로 보입니다.

11월에 나타나는 백양궁은 10월에 타나나기 시작하여 12월까지 3개월간 볼수 있습니다. 또 12월에 나타나는 황소궁은 11월에 나타나기 시작하여 다음해 1월까지 3개월간 볼 수 있습니다.

계절별로 나타나는 별자리는 다음과 같습니다.

봄 별자리(3, 4, 5)월	사자, 처녀, 저울
여름 별자리(6, 7, 8)월	전갈, 사수, 염소
가을 별자리(9,10,11)월	물병, 물고기, 백양
겨울 별자리(12, 1, 2)월	황소, 쌍둥이, 게

고대 학자들은 황도 위를 지나가는 12궁의 별자리 이외에 북쪽하늘과 남쪽하늘의 궤도를 돌고 있는 다른 별자리 36개를 더 정하였습니다. 황도대 12궁과 36개 별자리를 합한 48개의 별자리를 '고대 별자리'라고 부릅니다.

천문학자들은 이밖에 또 다른 별자리가 40개 더 있는 것을 알았습니다. 그러므로 현재의 별자리는 모두 88개에 이르고 있습니다.

31. 간지(干支) 이야기

자기가 무슨 띠로 태어났는지 모르는 사람은 한국인 중에는 거의 없습니다. 띠는 모두 12개가 있는데 모든 사람은 그 중 어느 한 띠의 해에 태어났기 때문입니다. 그 사람의 띠를 알면 그 사람의 나이를 알 수 있습니다.

띠는 간지(干支)의 지(支)에서 온 말인데, 간(干)은 나무의 줄기(幹)를 뜻하며, 지(支)는 나무의 가지(枝)를 뜻하는 말입니다. 간(干)은 또 하늘(天)을 뜻하며, 지(支)는 땅(地)을 뜻합니다. 또 간(干)은 양(陽, +)을 뜻하며, 지(支)는 음(陰, -)을 뜻합니다.

이와 같은 개념은 BC 17세기에 중국의 은(殷) 나라 때부터 쓰기 시작한 것으로 전해지고 있습니다. 간(干)은 10개로 되어 있으며 지(支)는 12개로 되어 있습니다. 그래서 보통 10간(干) 12지(支)라고 말합니다.

10간(干) 갑을병정무기경신임계
甲乙丙丁戊己庚申壬癸

(갑갑, 새을, 남쪽병, 장정정, 천간무, 몸기, 별경, 납신, 북방임, 북방계)

12지(支) 자축인묘진사오미신유술해
子丑寅卯辰巳午未申酉戌亥
(쥐자, 소축, 범인, 토기묘, 용진, 뱀사, 말오, 양미, 잔나비신, 닭유, 개술, 돼지해)

여기서 12지는 모두 동물로 되어 있습니다. 이것은 사람마다 태어난 해를 의미합니다. 자(子)는 쥐띠, 축(丑)은 소띠, 인(寅)은 범띠, 묘(卯)는 토끼띠, 진(辰)은 용띠, 사(巳)는 뱀띠, 오(午)는 말띠, 미(未)는 양띠, 신(申)는 잔나비(원숭이)띠, 유(酉)는 닭띠, 해(亥)는 돼지띠입니다.

이제 육십갑자(六十甲子)를 만들어 봅시다. 먼저 10간의 갑(甲), 을(乙), 병(丙), 정(丁)…에서 한 글자를 택하고, 다음에 12지의 자(子), 축(丑), 인(寅), 묘(卯)…의 한 글자를 차례로 짝지으면 다음과 같은 60개로 된 표가 만들어집니다. 이것을 육갑(六甲) 또는 육십갑자라고 합니다.

갑자, 을축, 병인, 정묘, 무진, 기사, 경오, 신미, 임신, 계유, 갑술, 을해,
(甲子, 乙丑, 丙寅, 丁卯, 戊辰, 己巳, 庚午, 辛未, 壬申, 癸酉, 甲戌, 乙亥,)
병자, 정축, 무인, 기묘, 경진, 신사, 임오, 계미, 갑신, 을유, 병술, 정해,
(丙子, 丁丑, 戊寅, 己卯, 庚辰, 辛巳, 壬午, 癸未, 甲申, 乙酉, 丙戌, 丁亥,)
무자, 기축, 경인, 신묘, 임진, 계사. 갑오, 을미, 병신, 정유, 무술, 기해,
(戊子, 己丑, 庚寅, 辛卯, 壬辰, 癸巳. 甲午, 乙未, 丙申, 丁酉, 戊戌, 己亥)
경자, 신축, 임인, 계묘 갑진, 을사, 병오, 정미, 무신, 기유, 경술, 신해,
(庚子, 辛丑, 壬寅, 癸卯, 甲辰, 乙巳, 丙午, 丁未, 戊申, 己酉, 庚戌, 辛亥,)
임자, 계축, 갑인, 을묘, 병진, 정사, 무오, 기미, 경신, 신유, 임술, 계해.
(壬子, 癸丑, 甲寅, 乙卯, 丙辰, 丁巳, 戊午, 己未, 庚申, 辛酉, 壬戌, 癸亥.)

이 60갑자 표에서 세로로 자(子)가 들어있는 갑자년, 병자년, 무자년, 경자년, 임자년…에 태어난 사람은 모두 쥐띠고, 둘째 줄 축(丑)자가 들어있는 을축년, 정축년, 기축년, 신축년, 계축년…에 태어난 사람은 축(丑)자가 들어 있으am로 모두 소띠입니다. 차례로 범띠, 토끼띠, 용띠, 뱀띠, 말띠, 양띠, 잔나비띠, 닭띠, 개띠, 돼지띠도 마찬가지입니다. 그리고 같은 해에 태어난 사람을 동갑이라고 하며, 나이 차가 12년, 24년….과 같이 띠가 같으면 나이에 관계없이 띠동갑이라고 합니다.

나이가 60세가 되면 환갑(還甲) 또는 회갑(回甲)이 되었다고 합니다. 6갑 즉 갑자년이 6번 지나갔다는 뜻이므로 60년이 되었음을 의미합니다.

간지(干支)는 사물의 차례를 정하는 순서로 사용하였습니다. 지금은 사물의 순서를 정하는데 1, 2, 3, 4, 5, 6 …의 아라비아 숫자를 사용하고 있어 매우 편리하나, 옛날에는 60간지를 사용하여 시간(時間)이나 날(日), 달(月), 해(年)의 순서를 정하는 기준으로 사용하였습니다. 지금도 음력 달력에는 날짜마다 60간지가 차례로 적혀 있는 것을 볼 수 있습니다.

예를 들면 2007년은 60간지로 정해(丁亥)년 즉 돼지해였으며, 2008년은 무자(戊子)년 즉 쥐의 해입니다. 2009년은 소의 해인 기축(己丑)년이 됩니다.

또 비교적 간단한 순서는 10간(干)의 갑, 을, 병, 정, 무…(甲, 乙, 丙, 丁, 戊,…)의 간(干)을 사용하였습니다.

그리고 시간과 방위는 12지(支)의 자, 축, 인, 묘, 진, 사…

(子, 丑, 寅, 卯, 辰, 巳…)의 지(支)로 나타냈습니다.

시간은 밤 0시를 자정(子正), 낮 12시를 정오(正午)라고 하였습니다. 그리고 하루를 12등분하여 2시간(120분)을 단위로 사용하였습니다. 그래서

23시~1시 사이를 자시(子時), 1시~3시 사이를 축시(丑時),

3시~5시 사이를 인시(寅時), 5시~7시 사이를 묘시(卯時),

7시~9시 사이를 진시(辰時), 9시~11시 사이를 사시(巳時),

11시~13시 사이를 오시(午時), 13시~15시 사이를 미시(未時),

15시~17시 사이를 신시(辛時), 17시~19시 사이를 유신(酉時),

19시~21시 사이를 술시(戌時), 21시~23시 사이를 해시(亥時),

라고 했습니다.

또 방위를 나타내는 데도 자(子), 축(丑), 인(寅), 묘(卯)…의 12지를 써서 나타내었습니다. 북쪽은 자향(子向), 남쪽은 오향(午向), 동쪽은 묘향(卯向), 서쪽은 유향(酉向)이라고 했습니다. 집터나 조상의 묏자리 상석에는 12지로 나타낸 좌향(坐向)이 표시되어 있습니다.

우리나라에서 서력기원(西曆紀元)이 쓰이기 전에는 국가의 연호는 모두 60간지로 나타냈습니다. 선조 왕 때 있었던 일본침략을 임진왜란이라고 하는데, 1592년이 임진(壬辰)년이었기 때문입니다. 또 인조 14년(1636년) 12월에 있었던 청

(淸)군의 침입을 병자호란이라고 하는데 그 해가 병자(丙子)년이었기 때문입니다. 1919년의 3·1독립만세운동을 기미(己未) 독립운동이라고 하는 것도 1919년이 기미년이었기 때문입니다.

32. 팔만대장경은 어떻게 만들었나?

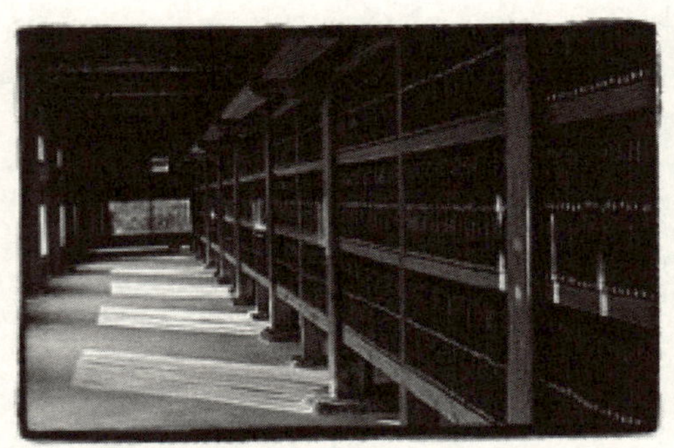

경상남도 합천군 가야산 해인사에 보관하고 있는 팔만대장경(八萬大藏經)이야말로 우리 민족의 보물 중 보물입니다. 대구 팔공산 부인사에 보관하고 있던 옛날 경판(經板)은 1229년(고려 고종 19년)에 고려를 침범한 몽고군에 의하여 모두 불타버렸습니다.

계속되는 몽고군의 침입을 막지 못한 고종은 강화도에서 피신 생활을 하면서 불심(佛心)으로 국민의 마음을 한곳에 모아 난국을 이겨나가기로 결심하고 두 번째 경판을 제작하기로 하였습니다.

그래서 1237년부터 16년에 걸쳐 팔만대장경을 제작하게 되었습니다. 먼저 남해안과 거제도에서 자작나무 원목을 베어 오랫동안 바닷물에 담그는 과정을 거쳤습니다. 그것으로 적당한 크기의 목판을 만들어 그 위에 정성스럽게 글자를 새겨나갔습니다.

한번 절하고 글자 1자를 새기고, 다시 한 번 절하고 다음 글자를 새기는 정성을 들였습니다. 지성이면 감천이라고 전 경판을 새겨나갔는데 오자(誤字)가 한 글자도 생기지 않았다고 전합니다.

경판 1면에는 1줄에 14자씩 23줄을 새겨 앞뒤 양면에는 모두 644자의 비율로 새겨 나갔습니다.

그런데 대장경 경판을 만들기 시작한지 13년째 되는 해에 몽고군이 스스로 물러가버렸습니다. 제작자들은 더욱 믿음을 가지고 성의를 다하여 1253년에 총 81,137장에 이르는 대장경을 완성하는데 성공했습니다. 우리는 이것을 간단히 팔만대장경이라고 부르고 있습니다. 여기에 새겨진 글자 수는 모두 5천 200여 만자에 이릅니다.

이렇게 제작된 팔만대장경은 강화도 선원사에 보관하고 있었습니다. 그런데 고려 말에 왜구(倭寇, 일본 해적)의 출몰이 빈번하여 이것의 안전 보관을 위하여 산세가 깊은 가야산 해인사로 옮기기로 하였습니다. 그래서 경판을 해상으로 운반하여 낙동강을 거슬러 올라가 고령군 개진 포구로 옮겼습니다.

여기서 부터는 신도들이 경판 1장식을 머리에 이고 해인사까지 정성들여 옮기는 행사가 행해졌습니다. 이 행사는 조선 태조 7년(1398년)에 이루어졌는데, 이것을 '팔만대장경 정대불사(頂戴佛事)'라고 했습니다.

지금도 해인사에서는 매년 음력 3월 9일이 되면 신도들

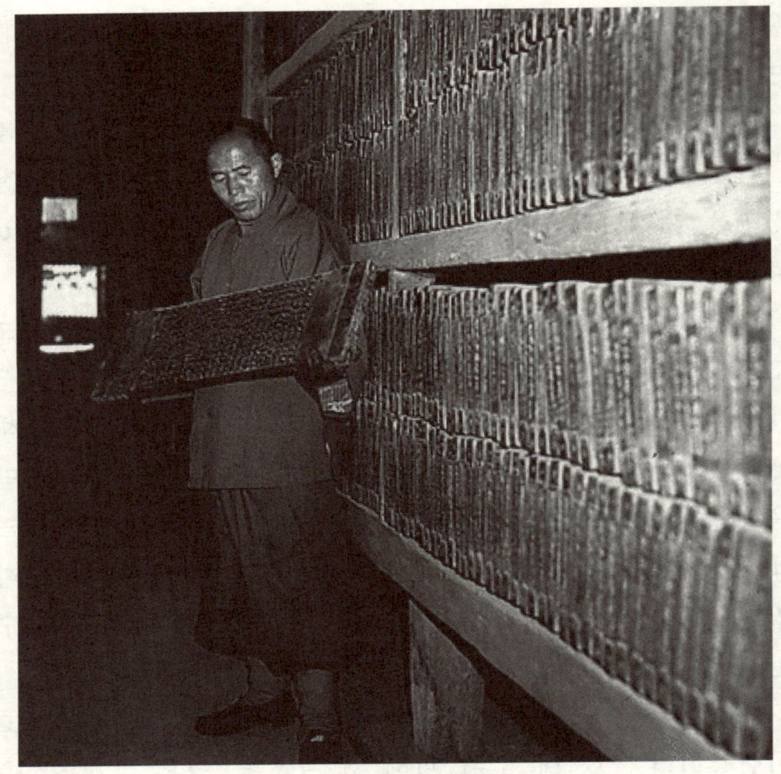

해인사에 보존된 팔만대장경

이 경판을 머리에 이고 탑돌이를 하는 행사를 하고 있는데, 이것은 그 옛날의 정대불사를 재연하는 행사입니다.

대장경은 해인사 높은 데 위치한 장경각에 보관하고 있습니다. 건물을 지을 때 충분한 소금을 넣어 습기를 제거하고 통풍이 잘 되게 하여 언제나 건조한 상태를 유지합니다. 600년이 지난 지금도 대장경경판은 원형대로 잘 보존되고 있습니다. 건물을 건축할 때 어떤 특수 처리를 했던지 좀이나 해충에 의한 피해도 거의 없다고 합니다.

약 40년 전에 이곳을 찾은 박정희 대통령이 콘크리트 건물을 지어 보관에 더욱 힘쓰라는 지시가 있어 그렇게 하였더니 오히려 곰팡이가 생겨 지금은 다시 옛 방식대로 장경각에 보관하고 있다고 합니다.

팔만대장경은 1995년에 유네스코 세계유산위원회 제19차 총회에서 세계문화유산으로 등록되었습니다. 팔만대장경이야 말로 한국의 자랑인 동시에 세계에 둘도 없는 보물이 아닐 수 없습니다.

33. 미국의 수도 워싱턴 DC 이야기

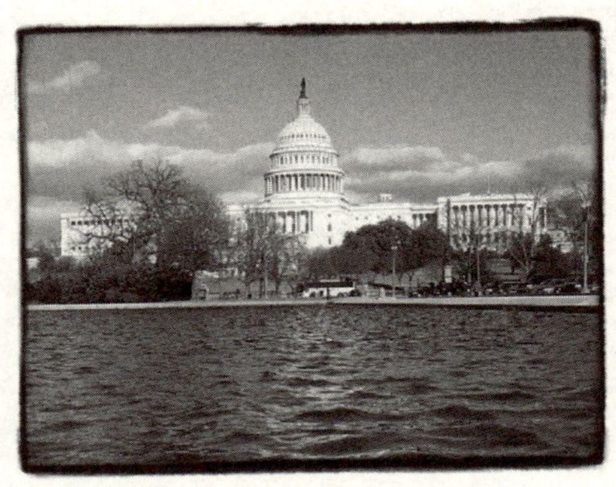

본국(영국)의 식민지 정책에 항의하여 1775년에 독립투쟁에 들어간 13개 주 식민지(독립)군은 1776년 7월 4일 미국의 독립을 선언하였습니다. 6년간의 전쟁 끝에 승리를 거둔 13개 주 식민지군은 1781년에 '미국식민지동맹'(the Confederation)을 결성하여 독립 문제를 논의해 나갔습니다. 7년만인 1783년 9월 본국(영국)과의 평화조약에서 미국의 독립을 승인받았습니다.

이에 따라 미국식민지동맹은 자유와 평등을 기본이념으로 하는 민주공화국(Republic)을 건설하기로 하였습니다.

이에 따라 미국식민지동맹은 1789년에 발전적으로 해체하고 그해에 미국연방의회가 구성되어 정부 수립에 들어갔습니다. 그리하여 1789년에 새 헌법에 의한 대통령 선거를

치르게 되었습니다.

선거에 들어가자 독립군 사령관이었으며 독립에 크게 공헌한 조지 워싱턴(1732~1799) 사령관을 초대 미국대통령으로 선출하자는 안이 제출되어 만장일치로 통과되었습니다.

이렇게 하여 조지 워싱턴은 1789년 4월 30일 미국의 초대 대통령 취임선서를 하고 대통령의 업무에 들어갔습니다.

조지 워싱턴 대통령은 가장 먼저 시작할 중요한 업무의 하나로 새 정부가 들어설 수도(Capital)를 선정하는 일에 착수 하였습니다.

새로운 수도의 선정이 알려지자 여러 주는 자기 주의 도시가 신생 미국의 수도 후보지로 선정되기를 바랐습니다.

그러나 워싱턴 대통령은 새 정부의 수도는 기존 도시 중에서 선정하기보다는 백지 상태에서 '미국의 중심에 위치하며 육지와 해상의 교통이 편리한 곳에 건설하는 것이 좋겠다'는 생각을 하고 있었습니다.

이와 같은 원칙이 세워지자 자신의 의견을 배제하고 새로 선출된 연방의회에 위치 선정 문제를 넘겼습니다.

이에 연방의회는 1790년에 새 수도의 후보지를 선정하는 토의에 들어갔습니다. 그리하여

* 후보지는 강물이 풍부한 포토맥 강 유역으로 한다.

* 후보지 면적은 10마일 평방을 넘지 않게 한다.

* 구역 안에 크리스토퍼 콜럼버스를 뜻하는 '컬럼비아 특별 구역'(the District Columbia)을 넣어, 명칭은 초대 대통령 워싱턴의 이름으로 부른다.

는 의견을 모아 공식 명칭은 '워싱턴 DC'로 결정이 되었습

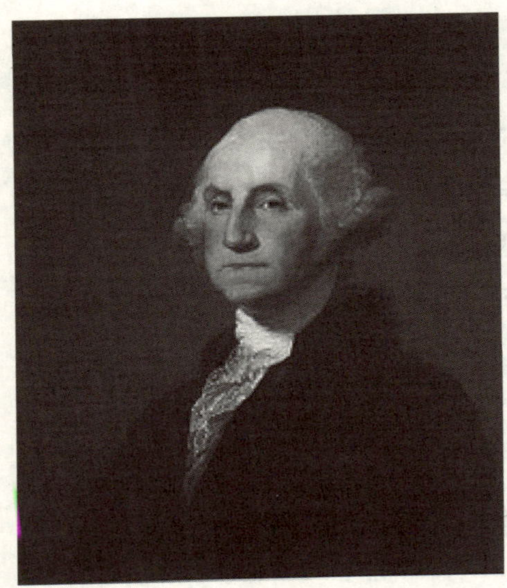

미국의 초대 대통령 조지 워싱턴

니다.

이상과 같은 법안이 통과되자 워싱턴 대통령은 1791년에 10마일 평방(16.1km 평방, 약 256km^2)의 면적을 차지하는 후보지 선정에 들어갔습니다. 큰 선박이 자유로이 왕래할 수 있는 풍부한 수량이 흐르는 포토맥(Potomac) 강변의 한 구릉을 미국의 수도 후보지로 선정하였습니다.

후보지는 대서양 체사피크만 상류 약 200km 지점이 선정되었는데, 포토맥 강을 사이에 두고 메릴랜드 주와 버지니아 주에 걸쳐 있었습니다.

새 수도의 후보지가 선정되자 메릴랜드 주 정부는 후보지의 북동부 약 64평방마일(166km^2)의 토지를 기증했으며, 버지니아 주 정부는 서부 약 36평방마일(93km^2)의 땅을 제공하였습니다, 후에 버지니아가 기증한 땅은 주정부의 요청으로 1846년 다시 돌려주었습니다.

워싱턴 시는 처음에는 컬럼비아 특별구와 일치하지 않았으나 1848년에 조지아타운이 편입되면서 일치하게 되었습니다.

워싱턴 대통령은 새 수도의 후보지가 확보되자 프랑스의 유명한 건축가이며 공학자인 피에르 랑팡(P. C. L'Enfant)을 초청하여 미국 수도의 도시계획을 맡겼습니다.

랑팡은 정부의 행정, 입법, 사법의 3부 건물을 중심으로 일반 시민들이 거주할 시가지, 도로망, 자연녹지, 공원부지 등 종합적인 도시계획 설계에 착수하였습니다. 그리고 독립전쟁에 공을 세운 사람들과 예상되는 공공시설, 기념관 등을 세울 예정 공지(空地)도 확보해 두었습니다.

도시 전체는 연방의사당과 정부청사, 사법부, 공공기관을 중심으로 남북과 동서로 큰 도로를 내고 사방으로 방사선 도로망을 설계하였습니다. 시가지는 바둑판 모양으로 반듯하게 설계하였습니다. 여러 곳에 녹지를 설치하여 시민의 휴식공간을 배려하였습니다.

도시계획의 설계가 끝나자 여러 구역에서 공사가 시작되었습니다. 이렇게 하여 중심 언덕에 연방의사당이 세워졌습니다. 그리고 서쪽 약 2km 지점에 대통령 관저 공사가 시작되었습니다.

그러나 조지 워싱턴 대통령은 그가 근무할 관저가 완성되기 전인 1799년에 세상을 떠나버려 자신의 이름으로 불리는 수도에는 살아보지 못했습니다. 워싱턴 DC에서 처음으로 업무를 본 대통령은 제2대 존 애덤스 대통령이었습니다.

200여년이 지난 현재 워싱턴 DC는 세계 정치의 중심지가 되었습니다. 약 60여만 명이 거주하고 있습니다.

시민의 생업은 제조생산업은 거의 없으며 관광업이 발달

한 도시입니다. 연간 500만 명이 넘는 사람들이 이곳 명소를 찾는다고 합니다. 의사당 부근에는 사법부 건물 등 많은 다른 기관들의 청사가 모여 있습니다. 이밖에도 과학박물관, 자연사박물관, 항공우주박물관 등 교육과 과학에 관한 볼거리가 많은 도시입니다.

행정부인 백악관 앞의 탁 트인 광장에는 거대한 그의 좌상이 있는 링컨기념관이 있으며, 멀지 않은 곳에 높이 169m의 워싱턴기념탑이 서 있는데, 내부에 엘리베이터가 설치되어 있어 관광객들은 그것을 이용하여 조망대(眺望臺)에 올라가 워싱턴 DC 전경을 볼 수 있습니다.

또 맞은편에는 독립선언문의 기초를 썼으며 미국의 독립에 크게 기여한 토머스 제퍼슨 기념관이 있습니다.

포토맥 강 건너편 강가 언덕에는 알링턴 국립묘지와 무명용사 묘지가 있어 워싱턴을 찾는 사람들의 명소가 되었습니다.

34. 인도의 카스트 제도 이야기

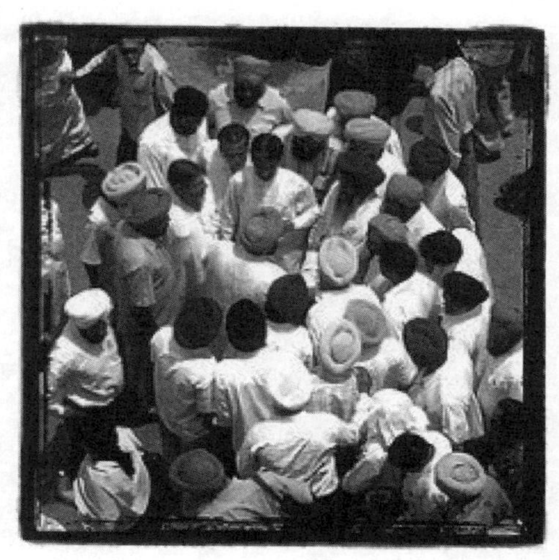

BC 1500년 경 인더스 강 상류로 침입한 아리안 족이 인도에 먼저 살고 있던 드라비다 인 등 다른 종족을 정복하고 자기들의 왕조를 세웠습니다. 그리고 피정복자들을 노예로 삼으면서 인도에는 특유한 신분제도가 생겨나 지금까지 내려오고 있습니다. 그것을 사성(四姓) 제도 또는 카스트(Caste) 제도라고 합니다.

왕조를 건설한 아리안 족은 인도에 브라만(婆羅門, Brahman) 문화를 일으켰습니다. 그리고 여러 다른 인종의 신분을 4계급으로 나누는 제도를 정착시켰습니다.

그것은 높은 계급으로부터 브라만(사제 司祭) 계급, 크샤트리아(군인 軍人) 계급, 바이샤(서민) 계급, 수드라(노예) 계급입니다.

인도에서는 사람이 태어날 때부터 부모의 계급에 속하게 되므로 각 개인의 신분(계급)은 운명적인 것이라고 할 수 있습니다.

브라만은 승려나 제사장(祭司長), 학자, 정치에 관여하는 계급입니다. 아리안 인들이 여기에 속하는데 여러 신을 믿는 힌두교도들도 여기에 속합니다.

크샤트리아(Kshatriya, 刹帝利)는 왕족, 귀족, 군인들이 여기에 속합니다.

바이샤(Vaisya, 毘舍) 계급은 농사나 상업, 예술, 공업에 종사하는 평민들이 속합니다. 수드라(Sudra, 首陀羅)는 하인계급인데 고대에 아리안 족에게 패한 드라비다 민족이 여기에 속합니다. 그들은 최하층 계급으로 노예나 수공업, 잡일을 하며 살아갑니다.

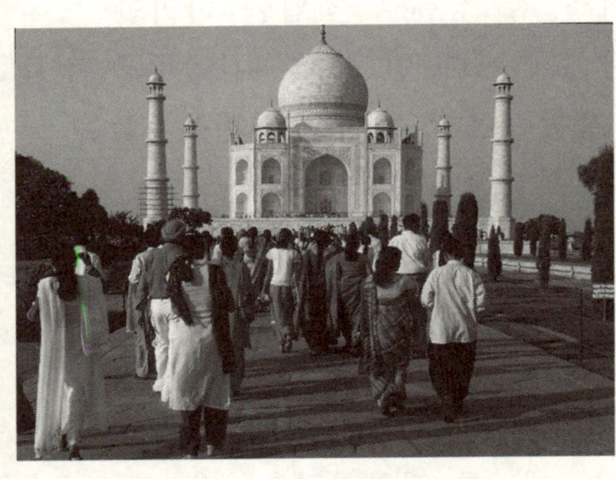

타지마할 궁전을 찾아온 인도 시민

인도에는 이 4개의 계급(카스트)에도 끼이지 못하는 더 낮은 계급인 불가촉(不可觸, Untouchable) 천민(賤民) 계급이 있습니다. 하리잔(Harijan)이라고 하는데 청소, 이발, 세탁, 백정, 시신처리, 오물치우기 등 가장 천한 일을 하며 살아가는 계층입니다.

인도에서 낮은 계급으로 태어난 사람은 아무리 많은 재산을 가지고 있어도 또 아무리 높은 교육을 받았어도 자기의 신분을 높은 카스트로 바꿀 수가 없습니다. 그것은 높은 계급의 사람과는 결혼을 할 수가 없을 뿐만 아니라 그들과의 접촉이 허용되지 않기 때문입니다. 그러므로 한 카스트로 태어난 사람은 다른 신분으로는 오를 수가 없습니다.

인도의 면적은 328.7만km^{2}에 이르러 세계 7번째로 크나, 인구는 10억 5천만 명으로 세계 2번째로 많은 나라입니다.

인도는 그렇게 큰 나라이면서도 1800년대 중엽부터 오래 동안 영국의 식민지 지배를 받아왔습니다. 그러다가 제2차 세계대전이 끝난 후 UN의 도움으로 1947년 8월 15일 독립을 했습니다.

독립을 이루자 정부는 카스트 제도의 폐습을 없애려고 노력하고 있으나, 역사적으로 너무 깊게 고착된 카스트 제도는 좀처럼 고쳐지지 않고 있습니다.

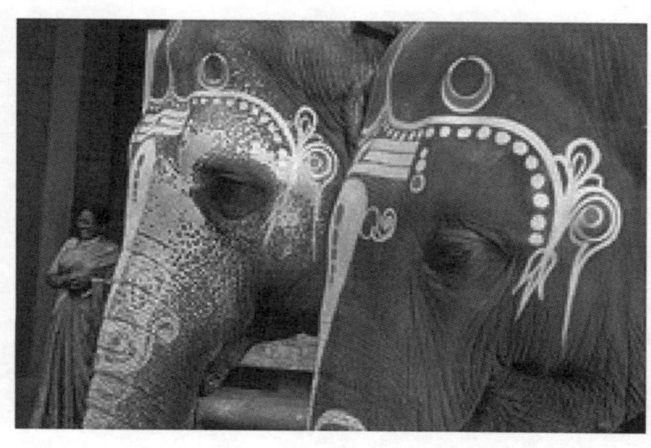

독립의 아버지로 추앙받는 간디(M. K. Gandhi)는 최하 계급인 불가촉 천민들을 '하라진'(신의 아들)이라고 부르면서 그들의 마을에서

같이 살며 카스트 제도의 차별을 개선하는 운동을 전개했으나 별로 효과가 없었다고 합니다.

인도 정부는 법적으로 하라진들에게 공무원 채용에 유리한 조건을 주거나 대학교 입학에 혜택을 주어 생활개선에 도움을 주고 있습니다.

하리진에게 이런 혜택이 주어지자 그보다 위 계급인 바이샤에 속하는 계급의 사람들이 자기들도 더 낮은 계급인 불가촉 천민(하리잔)으로 지정해달라는 시위까지 벌이고 있는 것이 인도의 현실입니다.

35. 핵 융합 이야기

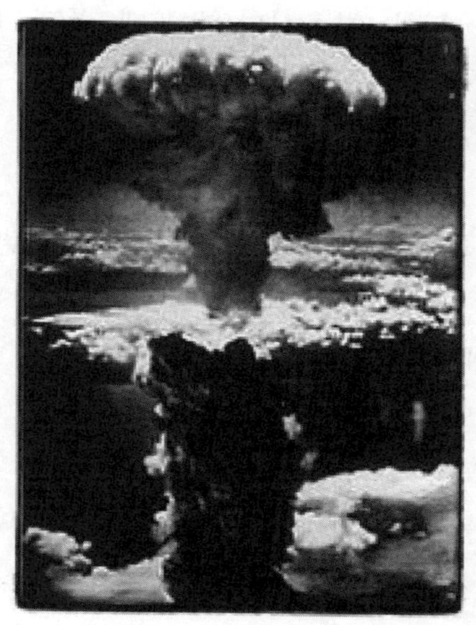

촛불은 초가 다 타버리면 불꽃이 사라지고 빛과 열을 내지 못합니다. 그러나 언제나 빛과 열을 내는 영원한 불꽃이 있습니다. 하늘에 떠 있는 해(태양)와 밤하늘에 반짝이는 별(항성)들입니다.

어느 날 태양이 갑자기 없어져서 세상에 종말이 오지 않을까 걱정하는 사람도 있습니다. 그러나 안심해도 됩니다. 그런 일이 일어날 가능성은 거의 없기 때문입니다.

과학이 발달하면서 그 이유를 깨닫게 되었습니다. 제2차 세계대전이 일어나 미국이 맨해튼 계획(원자폭탄 제작 계획)을 시작하면서 이것에 대한 연구가 시작되었습니다.

그리하여 세계대전의 막바지인 1945년 8월 6일 미국의 공군기 1대가 일본 히로시마(廣島)에 폭탄 1개를 투하하였습니다. 그 폭탄은 지상 약 350m 상공에서 폭발됐는데, 아침 출근시간대여서 10만여 명의 시민들이 죽거나 부상을 입었습니다.

3일 후인 8월 9일에도 큰 제철공장이 있는 큐슈(九州) 나가사키(長崎) 항에 폭탄 1개가 투하되었는데, 이때는 지상 높이의 고도에서 폭발하여 약 4만 명이 사망하고 2만 5천 명이 부상을 입었습니다.

일본 국민들은 그때까지 그것이 새로 개발한 무기인 원자폭탄인 것을 알지 못했다고 합니다. 순식간에 엄청난 피해를 입은 일본은 더 버티지 못하고 8월 15일 정오에 일본 천황 히로히토가 무조건 항복을 발표함으로써, 제2차 세계대전은 연합군의 승리로 끝을 맺었습니다.

그러나 연합국이면서도 이념이 서로 달랐던 미국과 소련은 오히려 핵무기 경쟁에 들어갔습니다. 그래서 두 나라는 이 공포의 원자폭탄보다 더 무서운 수소폭탄 연구에 돌입했습니다.

그리하여 미국은 1954년, 그리고 소련은 1955년 각각 수소폭탄 제작에 성공했습니다. 두 나라는 비밀리에 무인도에서 실험 폭발을 실시하여 그 위력이 원자폭탄에 비할 수 없이 크다고 자랑하였습니다.

그러면 원자폭탄과 수소폭탄은 무엇이 다를까요? 일본에

투하한 원자폭탄은 원자핵이 산산이 분열(分裂)되면서 에너지를 내는 '핵-분열' 폭탄이었습니다. 그런데 수소폭탄은 2개의 원자핵이 하나의 다른 원자핵으로 융합(融合)되면서 더 큰 에너지를 내는 '핵-융합' 폭탄인 것입니다.

폭탄을 만드는 재료도 다릅니다. 원자폭탄은 원료로 무거운 원소인 농축 우라늄(U-235)이나 플루토늄을 사용하는데 반해 수소폭탄은 가벼운 원소인 중수소(D_2)를 원료로 만듭니다. 중수소는 자연수나 바닷물 속에 섞여 있는 희귀한 원소입니다.

중수소 2개를 고열(高熱)로 1개의 헬륨(He) 원소로 융합시키면 엄청난 에너지를 내게 됩니다.

이와 같은 이론은 벌서 1930년대에 영국 캐번디시 연구소의 물리학자 러더퍼드 경이 밝힌바 있었습니다.

즉 태양이나 밤하늘에 반짝이는 수많은 항성들의 빛과 열은 자체에서 일어나는 핵-융합에 의한 것이라고 밝혔던 것입니다.

그러나 인간은 이와 같은 핵융합 반응을 일으킬 수 없었습니다. 핵-융합 반응은 태양 온도와 같은 매우 높은 온도

$$D + D \rightarrow He_3 + n + 3.25Mev.$$

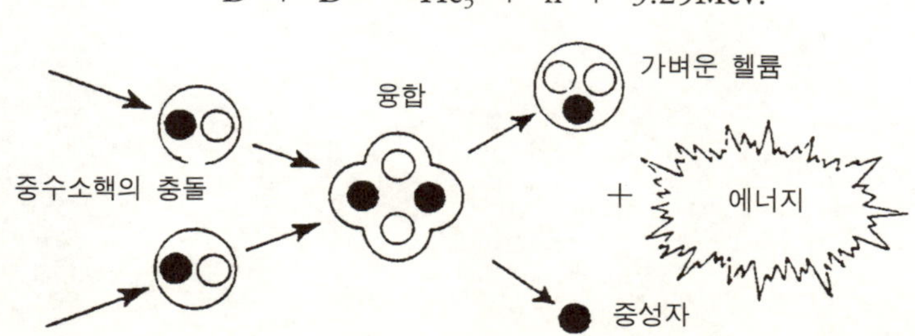

에서만 일어날 수 있기 때문입니다.

그런데 인간이 지상에서 핵-융합 반응을 일으킬 수 있는 높은 온도를 얻는 방법이 생겼습니다. 그것은 원자폭탄의 높은 열을 이용하는 것입니다. 즉 핵분열을 일으켜 그 열로 핵융합 반응을 일으킨 것이 수소폭탄입니다.

태양이나 항성에서는 그것들의 구성 물질인 수소가 촛불과 같이 연소되면서 빛과 열을 내는 것이 아니라 핵융합에 의하여 빛과 열을 내고 있습니다. 그러므로 태양이 소실되어 없어질 염려는 없습니다. 태양이 핵융합 반응을 일으키는 한 태양은 영원할 수 있을 것입니다.

36. 마야(Maya) 문명, 마야 숫자(數字) 이야기

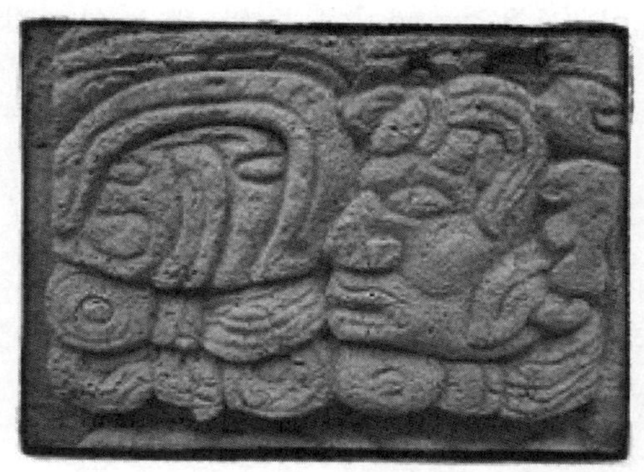

크리스토퍼 콜롬부스가 1492년에 발견한 아메리카 대륙에도 기원전 수세기부터 고유의 문명을 일으키며 살아온 다른 세계가 있었음이 알려졌습니다.

1531년 에스파냐 군인 피사로(F. Pizarro)는 180명의 군사를 이끌고 남미 페루 쿠스코의 잉카 제국을 점령했으며, 또 다른 에스파냐 군인 코르테스(H. Cortes)는 1521년에 멕시코 고원에 일으켰던 아스텍 제국을 점령하면서 이런 사실이 알려졌습니다. 이 문명들은 BC 3세기경부터 정착해 살았던 원주민의 후손들이 세운 것이었습니다.

또 중앙아메리카 유카탄 반도와 온두라스, 과테말라 지역에 걸쳐 아스텍 문명과는 또 다른 문명을 일으켰던 마야 제국이 있었습니다.

마야 문명도 아스텍 제국을 정복한 에스파냐 탐험대 코르테스에 의하여 역시 1523~28년 사이에 그의 지배하에 들어가는 운명을 맞았습니다.

마야인들이 사용한 토기(土器)와 돌비석, 기타 유물들의 조사에서, 마야의 조상들은 BC 2000년대부터 거주한 것이 밝혀졌습니다. 그들은 유카탄 반도, 남부 온두라스, 과테말라 일대의 저지대에 고대 도시국가를 건설하고 살았습니다.

마야인의 조상들은 수렵시대를 거쳐 한곳에 살면서 농경사회를 이루었습니다. BC 300년~AD 200년경에는 저지대에 도시국가를 건설하고 살았습니다.

과테말라의 티칼, 온두라스의 코판 등지에는 그들 조상들의 유적이 많이 남아 있습니다.

높이 68m에 이르는 티칼 탑에서 출토된 AD 200년경의 경옥(硬玉) 비석에 의하면, 마야 제국은 농경지에 수로(水路) 시설을 한 기록이 있으며 계단식 농업을 한 흔적이 확인되었습니다. 이 제국은 300년경에 크게 번영했으나 내란 등을 거치면서 987년까지 이어졌습니다.

마야인들은 4면이 가파른 거대한 피라미드형 기단(基壇)을 쌓고 그 위에서 해마다 '하늘의 신'과 '비(雨)의 신', '해(太陽)의 신'에게 제물(祭物)을 올리는 축제를 올렸습니다.

마야인들은 이 행사에서 '산 사람'(포로)을 제물(祭物)로 바치는 제사를 행한 것으로 전해지고 있습니다.

마야인들은 독특한 달력을 사용하였습니다. 그들은 260일을 1년으로 하는 '짧은 달력(短曆)'과 365일을 1년으로 하는 '긴 달력(長曆) 2가지 달력을 사용하였습니다. 짧은 달력은

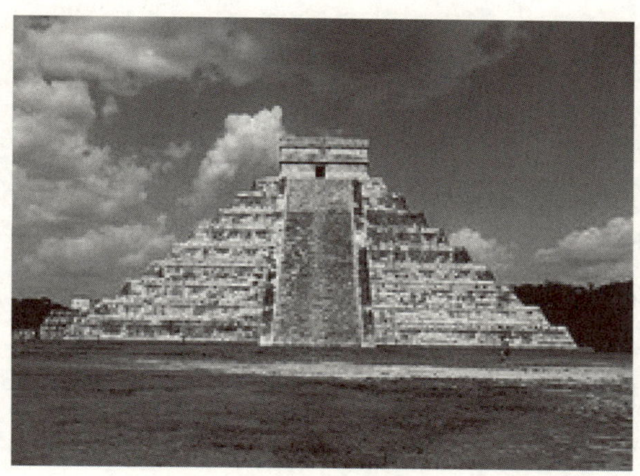

마야 문명의 흔적인 제단

축제에 사용했으며, 365일의 긴 달력은 농사일에 사용하였습니다. 이 2개의 달력이 같아지는 주기는 52년입니다. 마야 달력의 1달은 20일이며 1년은 18개월 5일로 사용하였습니다.

마야 달력에 의하면 지금의 세계는 BC 3114년 8월 13일에 시작됐으며, 지금까지 이와 같은 원년은 3회 있었다고 합니다.

마야 인들은 점과 작대기, 0의 3가지 기호로 수를 나타냈습니다. 점(·)을 1, 작대기(—)를 5, 그리고 0을 으로 나타내서 모든 수를 20진법으로 나타냈습니다.

몇 개의 숫자를 나타내면 다음과 같습니다.

·	···	—	···· —	— — —	··· — — —	···· — — —	
1	3	5	9	15	18	19	0

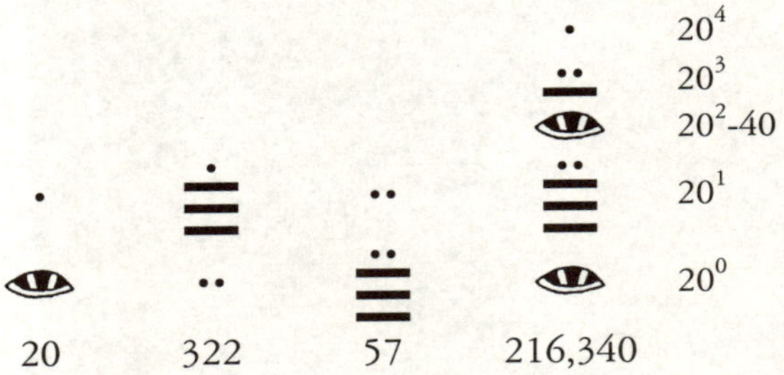

20^4
20^3
20^2-40
20^1
20^0

20 322 57 216,340

마야 기수법은 20진법이어서 복잡하나 영(0)이라는 '눈알' 모양의 숫자가 있는 것이 특이합니다.

에스파냐 침략군의 뒤를 따라 1546년에 마야에 들어온 란다(D. Landa) 주교의 '유카탄 견문기'에 의하면, 마야인들은 옥수수, 고추, 콩, 호박, 라몬, 뿌리채소 등을 재배하여 비교적 넉넉하게 살고 있었습니다. 그러나 마야인들의 신앙에 대해서는 기독교의 편견으로 미신으로 여겨 마야의 그림문서나 우상을 불살라버렸다고 합니다.

1960년대에 들어와서 그때까지 남아있는 마야인들의 기록이 해독되면서 마야 문명에 대하여 많은 것이 알려졌습니다.

이 지역에는 마야인들의 후손이 약 200여만 명 살고 있는데 그들은 선조들이 남긴 유적을 자랑스럽게 여기며 살아가고 있습니다.

37. 생태계의 보물창고 갈라파고스 군도 이야기

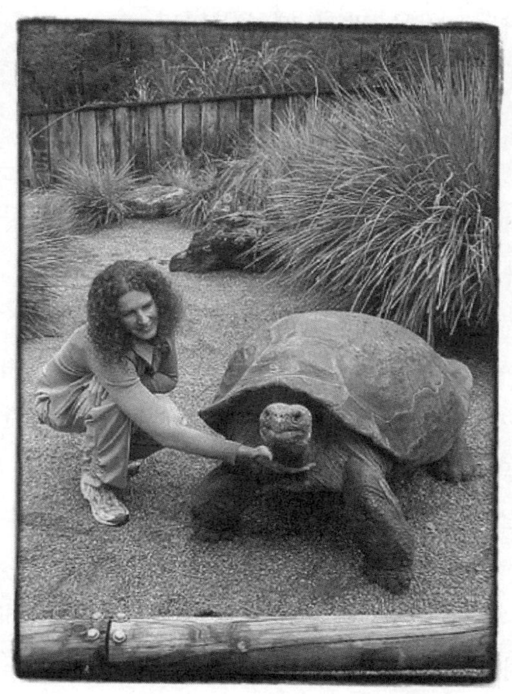

남미 에콰도르 서쪽 960km 거리 적도 위에 흩어져 있는 여러 개의 섬들을 갈라파고스(Galapagos) 군도라고 합니다.

이 군도는 이사벨라, 산살바도르, 산크리스토발, 산타크루스, 산타마리아 등 13개의 비교적 큰 섬과 100여 개의 작은 섬, 암초로 되어 있습니다. 이중에는 연기를 내뿜고 있는 활화산도 있습니다.

이 군도가 유명하게 된 것은 이 군도에서 살아가는 동식물들의 생태(살아가는 상태)가 다른 곳에서 살고 있는 것들과 색다른 점이 너무 많기 때문입니다.

이 군도에는 600여 종의 식물과 20여 종의 파충류, 100종의 조류(새)가 살고 있습니다. 그리고 바다에는 300여 종의 어류가 살고 있습니다,

그런데 이곳에 사는 동식물들은 다른 곳의 동식물과 다르게 진화하면서 성장한 것들이 많이 있습니다.

여기에는 길이가 1.5m에 이르는 코끼리거북이 10여종 살고 있는데 풀과 꽃, 선인장 열매, 해초를 먹으며 살아가고 있습니다. 이 거북을 스페인어로 '갈라파고스'라고 부른데서 이 군도의 이름이 되었다고 합니다.

갈라파고스 군도에서 사는 동식물은 모두 먼 대륙(주로 남아메리카)에서 표류되어온 물체에 실려 왔거나 해류를 따라 떠내려 온 종자에 의하여 이 섬에 뿌리를 내린 것들이어서 품종이 많지 않으며, 또 있다고 해도 원산지의 것과는 색다른 점이 많습니다.

여기서 자란 동식물들은 이곳의 환경에 적응하면서 살아남았습니다. 다른 대륙에는 그렇게 많은 개구리나 도롱뇽이 이곳에서는 한 마리도 없습니다. 다른 대륙과 종이 다른 쥐는 6종, 박쥐 2종, 벌 1종, 나비 8종이 있으며 파충류는 많이 살고 있습니다.

도마뱀은 해초를 먹고 살고 있으며, 유일하게 이곳에만 살고 있는 바다이구아나는 해조류와 선인장을 먹으며, 주로

바다 바위 위에서 삽니다.

또 여기에서 사는 가마우지는 그들을 해치는 적이 없어서인지 나는 기능이 약해져서 공중으로 날아다니지 못하여, 항상 바위 위에 머물면서 살아갑니다.

이와 같이 갈라파고스 군도에 서식하는 동물들은 이곳 자연환경에 적응하도록 신체 구조가 변해버린 것이 많이 있습니다.

이러한 생물의 생태변화는 생물의 진화 과정에서 매우 큰 의미를 가집니다. 영국의 저명한 진화론자 찰스 다윈(C. R. Darwin)이 1831년에 신학대학을 마치고 해군 비글호를 타고 졸업 여행으로 1835년에 이 군도를 다녀간 일이 있었습니다. 그래서 큰 관심을 가지고 이곳 동식물이 어떻게 환경에 적응하는가를 직접 관찰하면서 연구하였습니다.

다윈은 처음 의사가 되려고 1825년에 의학부에 들어갔으나 목사가 되기 위하여 신학부에서 공부하였습니다.

그러나 그는 평소에 박물학에 흥미가 있었습니다. 그래서 신학대학을 졸업하자 박물 연구 요원 인정을 받아 5년이 걸리는 해군의 세계 탐사 세계일주 여행에 참가했던 것입니다. 그래서 그는 갈라파고스 섬에서 생물의 생태에 관한 연구를 하였던 것입니다.

영국으로 돌아가자 그는 생물의 진화에 대한 연구에 몰두하였습니다. 더 많은 연구 끝에 생물의 자연도태설을 발표하였습니다.

“모든 생물은 자연환경에 적응하는 품종만 살아남을 수 있다.” 즉 ‘적자생존론’을 발표하였던 것입니다.

드디어 1859년에는 '종(種)의 기원'이라는 논문을 발표하여 세상을 깜짝 놀라게 하였습니다. 그 논문의 내용이 그리스도교 성서의 창조설과는 정면으로 상반되는 입장에 있었기 때문입니다. 이 논문이 발표되자 성직자들과 종교인들로부터 빗발치는 비난을 받았습니다.

다윈은 1864년에 갈라파고스에 '다윈 연구소'를 세우고 세계 각지에서 모여든 생물학자들과 동식물의 생태 및 진화 연구를 계속하였습니다.

갈라파고스 군도는 적도 위에 위치하고 있으나 남아메리카 남단에서 북쪽으로 흐르는 페루 한류의 영향을 받아 연평균기온이 23°C를 유지하는 지상낙원의 기후입니다. 이 군도는 1535년에 무인도로 발견되었는데 현재 약 1만 5,000여 명이 거주하고 있습니다.

좋은 기후와 이곳 동식물의 특이한 생태가 알려지면서 많은 관광객이 모여들고 있습니다. 에콰도르 정부는 1934년에 이 군도를 동식물보호구역으로 지정한데 이어 1959년에는 국립공원으로 지정하였습니다.

38. 원주율(π 파이) 이야기

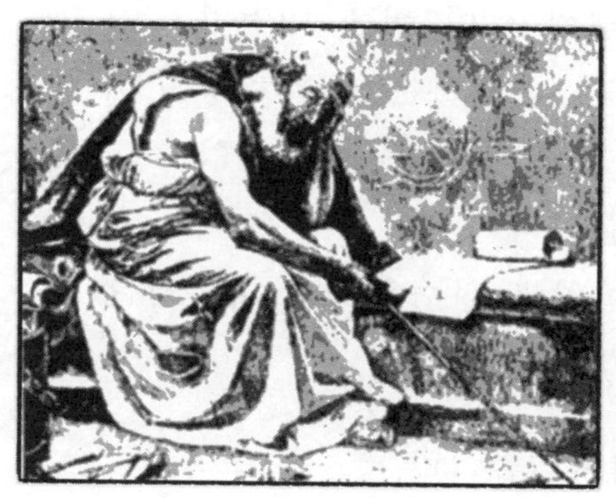

원의 지름에 대한 원둘레 길이의 비율을 원주율이라고 합니다. 흔히 원주율을 간단히 파이(π)로 나타내고 있습니다. 원주율(π)의 값은 고대부터 수학자들이 크게 관심을 가졌습니다.

기록에 의하면 BC 2000년경에 바빌로니아인들은 원주율(π)의 값을 $3\frac{1}{8}$을 썼으며, 이집트인들은 $\left(\frac{16}{9}\right)^2$을 사용한 기록이 있습니다. 중국에서는 BC 1200년경에 간단히 3을 사용한 기록이 있습니다.

BC 287년대에 이 문제를 처음으로 계산한 사람을 시라쿠사의 과학자이며 수학자였던 아르키메데스였습니다. 그는 원에 내접하는 정6각형과 외접하는 정6각형의 길이를 비교하여 원주율의 값을 조사하였습니다.

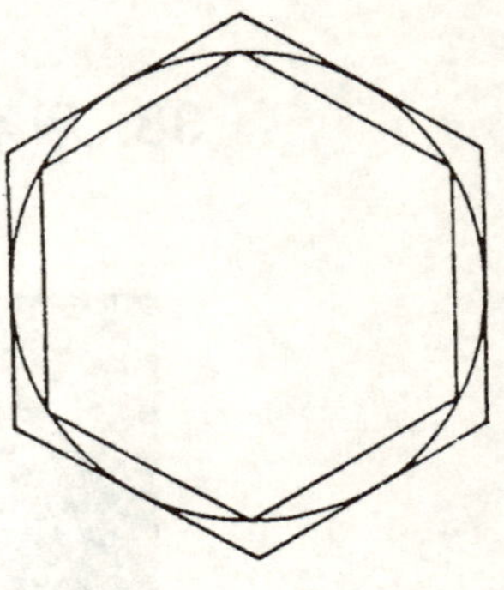

그는 더 좋은 값을 얻기 위하여 변의 수를 2배씩 늘여 원에 내접하는 정96각형과 외접하는 정96각형을 그려 비교적 정확한 원주율의 값을 찾아냈습니다.

그리하여 마침내 원주율 파이(π)의 값은

$3\frac{10}{71} < \pi < 3\frac{1}{7}$ …… 식 (1)

의 범위로 나타냈습니다.

그러다가 15세기 후반에 소수(小數)기수법이 개발되면서 π 의 값 계산에 혁명이 일어났습니다.

식 (1)의 범위를 소수로 나타내면

$3.14048\cdots\cdots < \pi < 3.142858\cdots\cdots$ 식 (2)

으로 표시되는데, 이 값은 소수 둘째자리까지 같음으로 $\pi = 3.14$의 근사값을 얻었던 것입니다.

소수기수법의 개발로 소수 부분의 계산이 자유로워지면서 해가 갈수록 더 참값에 가까운 계산을 하려는 노력이 이어졌습니다.

그 후 π 의 값은 무한히 계속되는 무한소수임이 밝혀졌습니다. 마침내 π 는 방정식의 답이 될 수 없는 수인 초월수(超越數)임이 밝혀졌습니다.

드디어 1593년에 A. 루먼(Roomen)이 $\pi = 3.141592653589793$까지 나타내어 소수 15자리까지 계산하여 세상을 놀라게 했습니다. 뒤이어 1596년에는 L. 세울런

(Ceulen)이 소수 35자리까지 나타냈습니다.

π 의 값 계산은 해가 갈수록 더 이어졌습니다. 1706년에 마친(Machin)이 소수 100자리까지 발표하더니 1719년에는 드 라그니(De Lagny)가 소수 127자리까지 계산하였습니다.

오일러가 1776년에 처음으로 원주율로 π 를 사용하자, 그 후로 모두가 원주율을 나타내는 기호로 π 를 쓰게 되었습니다.

1800년대에 들어와서도 π 의 값 계산이 계속되어 1855년에 리흐터(Richter)는 소수 500자리까지 계산하는데 성공했습니다. 여기에 멈추지 않고 1947년에 퍼거슨(Ferguson)이 소수 808자리를 발표하였습니다.

그러다가 1949년부터 컴퓨터가 등장하면서 현재는 소수 538,870,000자리까지 계산된 값이 발표되었습니다. 그러나 머지않아 새로운 기록이 발표될 것으로 여겨집니다.

π 의 값은 일상생활에서 매우 중요한 수치입니다. 이것의 참값은 끝없이 계속되는 초월수임으로 적당한 자리의 근사값으로 계산하게 됩니다. 일상생활에서는 3.14로 계산하면 충분합니다. 더 정확히 계산하려면 3.1416을 이용할 수도 있습니다.

그러나 사람들은 더 많은 자리까지 π 의 값을 기억하기 위하여 다음과 같은 시(詩)를 지어 외우기도 합니다.

How 1 want a drink, alcoholic of course, after the heavy lectures involving quantum mechanics!

9 79

(양자역학이 들어있는 어려운 강의 후에는 물론 한 잔 하

는 것이 좋지!)

시 단어의 글자 수를 차례로 적으면 π = 3.14159265358979가 됩니다. 이 시를 외우는 사람은 π 의 값을 소수 14자리까지 자랑스럽게 말할 수 있습니다.

시는 아니지만 다음 글귀를 알아두면 어렵지 않게 π 의 값을 소수 32자리까지 기억할 수 있습니다.

(π 씨) 삼일 사일오구 이여 오세오

3. 14 1 5 9 2 6 5 3 5

야구친(칠)구 셋이 상(삼)팔자(사)여

8 9 7 9 3 23 8 4 6

이겨(여)내(네)세 상팔자(사) 이친구요(오) 응

2 6 4 3 3 8 42 7 9 50

π =3,14159,26535,8979323846,264338427950

39. 방랑 시인 김삿갓(김립 金笠) 이야기

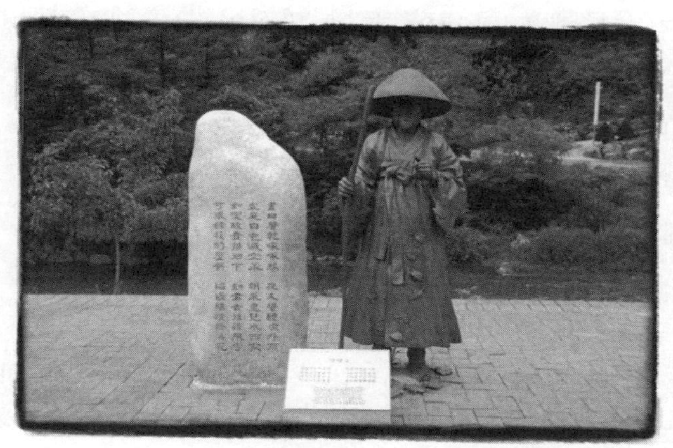

"죽장에 삿갓 쓰고 방랑삼천리,

흰 구름 뜬 고개 넘어 가는 곳이 어디냐?····"

로 이어지는 대중가요까지 불리고 있어서 김삿갓(金笠)을 모르는 사람은 별로 없을 것입니다.

김삿갓의 본명은 김병연(金炳淵)으로 1807년(순조 7년)에 경기도 양주에서 세도가 등등하던 양반집안, 안동 김씨의 후손으로 태어났습니다. 그러나 그가 6세였던 1812년에 평안도 선천(宣川) 부사였던 조부 김익순(金益淳)은 그해 12월 18일 홍경래의 난(亂)을 진압하지 못하고 오히려 그에게 항복하고 말았습니다.

용강의 선비 출신인 홍경래(洪景來)는 조정에서 서도(평안도) 사람들을 차별대우하여 공부를 아무리 잘 해도 출세의 관문인 과거에 급제시키지 않는다고 불만에 차 있었습니다.

마침 그 해에 흉년이 들어 민심이 흉흉해지자 양반들의 세도정치를 바로잡는다는 기치를 내세워 민란(民亂)을 일으켰습니다. 먼저 박천, 곽산, 태천, 정주 등 평안도 일대를 점령하고 선천(宣川) 고을을 공략했습니다.

4개월 후에 홍경래난이 진압되자 세도가 안동김씨 김익순은 체포되고 그의 일족은 폐족(廢族)이 되어버렸습니다.

이렇게 되자 어머니는 황해도 곡산에 사는 하인 김성수에게 어린 병연 형제를 보내 산골에서 숨어살게 하였습니다. 그 후 그의 가족은 영월의 한 두메산골로 이사 가서 신분을 숨기고 살았습니다.

그러나 어려서부터 영특했던 병연은 21세 때 영월 관아(官衙)에서 치러진 백일장(白日場)에서 장원급제를 하여 그의 재능이 드러났습니다.

영월 관아의 동헌에서 시상이 있은 후 연회를 마치고 기쁜 마음으로 집으로 돌아온 병연은 어머니에게 이 기쁜 소식을 전하고, 또 그동안 어려운 일을 마다하지 않고 집일을 도맡아온 아내에게도 위로의 말을 표하려고 마음이 한껏 부풀어 있었습니다.

다음날 어머니에게 백일장에서 있었던 이야기를 했습니다. 시제(詩題)는

"죽음으로 충절을 다한 가산군수 정공(公)을 칭찬하고, 죄가 하늘에 이른 김익순을 개탄한다." (論鄭嘉山忠節死, 嘆金

益淳罪于天) 는 내용이었다고 말했습니다.

"나라의 신하였던 김익순아 들어라. 하찮은 벼슬인 가산의 정 군수는 죽음으로 나라에 충절을 다했는데 … 큰 벼슬을 지낸 너는 비굴하게 홍경래에게 무릎을 꿇었으니 백 번 죽어도 마땅하다." 라는 내용으로 글을 썼다고 자랑스럽게 어머니에게 이야기했습니다.

그의 말을 듣고 있던 어머니의 마음이 어떠하였겠습니까! 병연의 나이가 21살이 될 때까지 어머니는 조부 김익순에 대한 이야기를 일체 입 밖에 내지 않고, 그저 평범하게 살아왔습니다.

순조(純祖) 12년에 홍경래가 난을 일으켜 가산군 관아를 쳐들어가자 가산군수 정시(鄭蓍)는 완강히 대항하였습니다. 홍경래가 항복할 것을 명하자 오른 손에 관인(官印 도장)을 꽉 쥐고 대항하였습니다. 그러자 홍경래는 칼로 오른팔을 내리쳤습니다. 다시 항복하라고 명하자 왼손으로 관인을 쥐며 썩 물러나라고 소리치자 왼손마저 내리쳤습니다. 다시 항복할 것은 명했으나 정 군수는 입으로 관인을 물으며 응하지 않자 목을 내리쳐 죽였다고 전합니다.

그런데 선천부사 김익순은 대항다운 대항도 해보지 못하고 무릎을 꿇었으니 두 사람의 대응이 너무 판이하였습니다.

백일장 이야기를 듣고 있던 어머니는 눈물을 흘리며 "그 선천부사가 바로 너의 친조부님이시다." 라고 집안 이야기를 처음으로 꺼냈습니다.

이 말을 들은 병연의 마음은 비탄에 빠질 수밖에 없었습니다. 자기가 나라에 죄를 지은 폐족의 후손이라는 것과, 나라에 죄를 지었어도 자기의 할아버지를 꾸짖은 불효를 저질렀으니 자신을 용서할 수 없었습니다.

비통에 젖은 김병연은 생각 끝에 어머니와 처자식을 버리고 정처 없이 홀로 방랑길을 떠났던 것입니다. 자신은 파란 하늘을 바로 볼 수 없는 천한 몸이라고 스스로 몸을 낮추어 언제나 커다란 삿갓을 쓰고 다녔습니다. 그리고 스스로 김립(金笠, 김삿갓)이라고 부르며 전국을 다녔습니다.

그는 뛰어난 천재 시인(詩人)이었습니다. 온 나라를 통하여 그를 따를 만큼 뛰어난 시인은 없었습니다. 그가 남긴 시는 풍자적이고 해학을 담은 한시(漢詩) 형식이었는데, 순수한 한시도 많았지만 우리말의 음과 뜻을 교묘하게 써가면서 자연스럽게 노래하였습니다.

그는 어느 한 곳에 머무르지 않고 걸식을 하며 온 세상을 두루 돌아다니며 본 대로 느낀 대로 시를 읊었습니다. 잘 대해주는 부자도 있었지만 박대한 사람들도 많았습니다. 그러나 자연을 노래하며 온 세상을 두루 돌아다녔습니다.

하루는 쉰밥(상한 밥)을 얻어먹었다는 '스무나무 아래에서'(二十樹下)라는 시를 읊었습니다.

二十樹下 三十客 스무나무 아래에서 설은 나그네가
四十村中五十食 마흔(망 할)마을에서 쉰밥을 먹었노라
人難豈有七十事 인간이 어찌 일흔(이런) 일이 있을 수 있나
不如歸家三十食 고향집에 돌아가 설은 밥 먹기만 못하구

나.

이 시는 읊을 때 숫자 부분은 우리말로 '스무나무(二十樹), 서른 나그네(三十客), 망할 마을(四十村), 쉰밥(五十食) 설은(서러운) 밥(三十食)'으로 읽으면, 그가 얼마나 뛰어난 시인이었는가를 알 수 있습니다.

김삿갓이 처음 금강산을 갔을 때 한 행자 승(僧)과의 대화가 전해오고 있습니다. 김삿갓의 소문을 들었던 행자 승이 운(韻)자로 "타"라고 부르자

김삿갓이 서슴없이

'사면 기둥이 붉긋타' 또 "타"라고 부르자

'석양 나그네 시장타' 또 "타"라고 부르니

'이 절 인심 고약타'라고 거침없이 읊어나갔습니다.

행자 승이 다시 "타"자를 부르면

지옥가기 꼭 맛 타' 라고 지으려 했다고 합니다.

水水山山處處奇(수수산산처처기)
물과 산세가 곳곳에 기묘하고
松松柏柏岩岩廻(송송백백암암회)
소나무, 잣나무가 바위둘레에 무성하네.

김삿갓은 금강산의 산수풍경에 흠뻑 취하면서 정자에서 한 노승을 만났는데 시(詩)로 한 구(句)씩 주고받으며 노래한 대화가 전해오고 있습니다.

김삿갓(金笠)은 팔도강산 다니지 않은 곳이 없습니다. 그

는 함경도 명천에서 푸대접을 받았던지

明川明川人不明, 명천명천인불명,
고장은 명천인데 사람은 분명하지 못하고
魚佃魚佃食無魚, 어전어전식무어,
고기 밭이라 하면서 반찬에 고기가 없네.

의 단구를 읊었으며, 평안도 성천에선 명기 부용(芙蓉)의 시를 남겼습니다.

成川芙蓉何所能, 성천부용하소능,
성천부용이 무엇을 잘 하는고 하니,
能歌能舞又能詩, 능가능무우능시,
노래 잘 하고 춤 잘 추고 또 시도 잘 읊는다.
能之能中第一能, 능지능중제일능,
잘 하는 것 중에서 제일 잘하는 것은
明月夜半呼夫能, 명월야반호부능,
달 밝은 한밤중에 애인 부르기 제일 잘하네.

개성 부근의 한 작은 서당을 찾았을 때 훈장은 자리에 없고 학생들이 푸대접을 했던지 시 한수를 써놓고 떠나갔습니다.

書堂乃早知 서당내조지,
서당은 내가 일찍 알았는데

房中皆尊物 방중개존물,

방안 사람들은 모두 귀한 인물들이다.

生徒諸未十 생도제미십,

생도는 모두 10명이 못 되는데

先生來不謁 선생래불알.

선생은 와서 인사를 하지 않네.

한시의 한 형체인 오언절구(五言絶句)로 지은 시(詩)인데 절구마다 끝의 3자의 음은 우리말로 큰 욕이 됨을 알 수 있습니다.

김삿갓은 우리 역사상 누구도 따를 수 없는 많은 시를 남겼습니다. 그러나 대개가 한시여서 한문을 익히지 못한 일반이 이해하기 어려운 점도 있었습니다. 그러나 비교적 쉬운 글자와 이두(吏讀) 식으로 쓴 시도 많이 있습니다.

황해도 구월산(九月山)을 지나가면서는 쉬운 한자 9자만으로 지은 흥미있는 칠언절구(七言絶句)도 전해오고 있습니다.

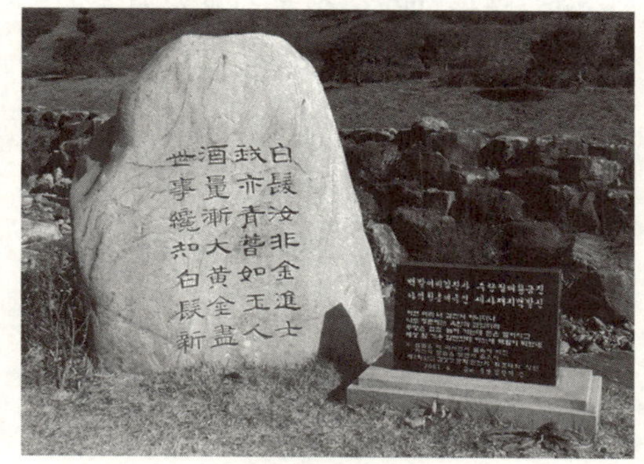

강원도의 김삿갓 시비

昨年九月過九月
작년구월과구월.

작년구월에 구월산을 지나가고

今年九月過九月
금년구월과구월.

금년구월에도 구

월산을 지난다.

年年九月過九月 년년구월과구월.
해마다 구월에 구월산을 지나니
九月山色常九月 구월산색상구월.
구월산 단풍색이 항상 구월이구나.

그는 예부터 내려오는

春水滿四澤, 춘수만사택
봄의 물은 못마다 가득 차 있고
夏雲多奇峰 하운다기봉
여름 구름에는 기묘한 봉오리가 많다

에 덧붙여 여름 구름의 조화(造化)를 다음과 같이 노래했습니다.

一峰二峰三四峰 일봉이봉삼사봉
하나 둘 셋 네 봉우리
五峰六峰七八峰 오봉육봉칠팔봉
다섯 여섯 일곱 여덟 봉우리
須臾更作千萬峰 수유갱작천만봉
잠깐 사이에 천만봉우리네
九萬長天都是峰 구만장천도시봉
구만장천에 모두 (구름)봉우리로세

그는 중년에는 방랑생활을 하지 않아도 편안히 살 수 있었습니다. 그의 아들이 3번이나 찾아와서 아버지를 영월로 모시고 가서 같이 살기를 간청했으나 기여코 마다하고 방랑생활을 계속하다가 57세 때 전라도 화순 동북면의 한 선비의 집에서 세상을 떠났습니다.

그의 묘는 강원도 영월군 하동면에 있는데, 거기에는 시가(詩歌) 동호인들이 세운 그의 시비(詩碑)가 있습니다. 그리고 광주 무등산에도 1876년에 그의 후손들이 세운 비석이 있습니다.

40. 마방진 이야기

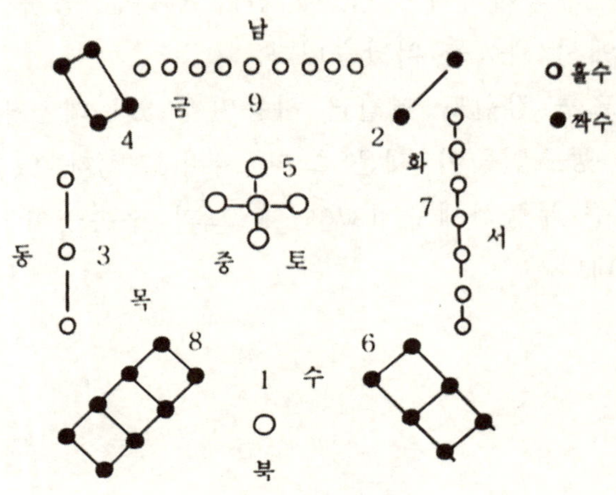

전설에 의하면 중국의 고대국가 하(夏) 나라의 우(禹) 임금이 낙수(洛水)에서 치수(治水) 공사를 하다가 등에 여러 점(点)으로 된 도형이 있는 신귀(神龜, 거북)를 발견했다고 합니다. 그 도형은 점의 수가 1점에서 0점까지 모두 45개의 점으로 이루어져 전체로 한 도형을 이루고 있었습니다.

낙서(洛書)에 그려진 그 점들의 모양을 숫자로 바꾸어 쓴 정4각형 표를 9궁(九宮)수 또는 마방진(魔方陣)이라고 합니다. 표 (1).

유럽 사람들은 마방진을 매직스퀘어(magic square)라고 하는데, 유럽에는 숫자로 된 마방진은 없고, 로마의 고대도시 폼페이 유적지에서 알파벳으로 된 마방진이 발견되었습니다. …… 표 (2)

고대도시 폼페이는 로마시대의 귀족들이 살았던 도시였는데 79년에 베수비오 화산의 폭발로 완전히 매몰되었던 나폴리 부근의 도시였습니다.

표 (1)

4	9	2
3	5	7
8	1	6

거북등의 45개 점을 숫자로 쓴 구(九)궁수

표 (2)

S	A	T	O	R
A	R	E	P	O
T	E	N	E	T
O	P	E	R	A
R	O	T	A	S

폼페이의 알파벳 마방진

낙서(洛書)의 마방진은 그 후 한국, 일본, 인도, 비잔티움(이스탄불)을 거쳐 15세기에 유럽에 전해졌습니다. 유럽 사람들은 뒤늦게 낙서의 마방진을 알고, 그것에 대한 연구를 활발히 한 것으로 보입니다.

독일화가 뒬러는 1514년에 4방진을 발표하고 있습니다.

낙서에 그려져 있는 마방진(3방진)을 보면 가로, 세로 3칸씩 모두 9개의 셀(Cell)이 있는데, 각 셀에 1개의 자연수가 들어 있습니다. 여기서 가로, 세로, 대각선 방향의 3 숫자의 합은 모두 15입니다.

이것은 1에서 9까지의 합은 45이고 이것을 3으로 나눈 값 15와 일치합니다.

1+2+3+4+5+6+7+8+9=45. 45÷3=15

이 값은 (3^2+1)X 3÷2=15로 계산할 수 있습니다.

일반적으로 n방진에서 가로, 세로, 대각선의 합은

(n^2+1) X n÷2로 계산됩니다.

4방진에서는 (4^2+1) X 4÷2=34,

5방진에서는 (5^2+1) X 5÷2=65 가 됩니다.

3방진은 다음 요령으로 만들 수 있습니다.

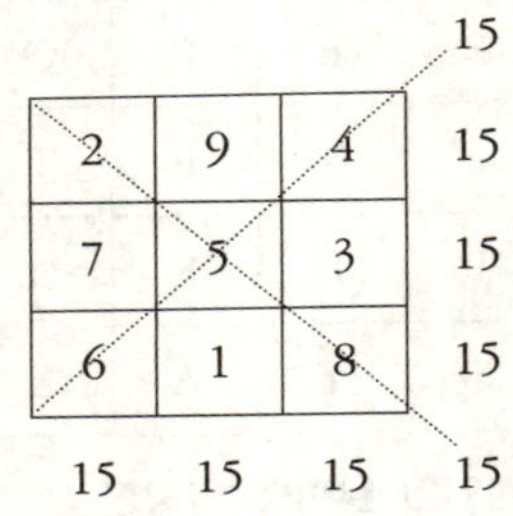

3방진은 한 변이 3인 정4각형으로 되어 있음으로 모두 9개의 셀(칸)이 있습니다. 여기에 1에서 9까지의 숫자를 차례로 넣어나갑니다.

① 행으로 맨 아래 줄(3행) 중간 셀에 1을 넣습니다.

② 1부터 차례로 ↙표 방향의 빈 셀에 다음 숫자를 넣습니다. 그런데 1에서 나간 ↙표에는 셀이 없음으로 그 자리에서 ↑표 방향(위쪽)으로 이동 하여 맨 위의 빈 셀에 다음 수 2를 넣습니다.

③ 또 2에서 나간 ↙표 자리에도 셀이 없는데 이때는 →표 방향으로 이동하여 맨 오른쪽 빈 셀에 다음 숫자 3을

넣습니다.

④ 3에서 나간 ↙표에는 1이 있어 길이 막혀 있음으로 이때는 ↑표 방향 바로 위의 빈 셀에 4를 넣습니다.

⑤ 4에서 나간 ↙표 셀은 비어있음으로 차례로 5, 6을 넣습니다.

⑥ 6에서 나간 ↙표 자리에는 칸이 없음으로 ↑표 바로 위 빈 셀에 7을 넣습니다.

⑦ 7에서 나간 ↙표 자리에는 셀이 없음으로 →방향의 맨 오른쪽 빈 셀에 8을 넣습니다.

⑧ 8에서 나간 ↙표 자리에는 셀이 없음으로 ↑표 방향의 맨 위쪽 빈 셀에 9를 넣습니다.

이런 원칙으로 넣는데 길이 막이면 ↑표 방향 바로 위의 빈 셀에 다음 수를 넣어나갑니다.

마방진은 3 이상의 모든 자연수에 있습니다. 그러나 모든 마방진은 여러 가지가 있습니다. 예를 들면 4방진은 모두 880가지가 있다고 알려져 있습니다.

다만 한 변이 n인 정4각형 n^2의 각 셀(cell)에 1부터 차례로 자연수를 넣어 가로, 세로, 두 대각선 방향의 숫자의 합이 모두 같도록 배열하면 됩니다. 그리고 홀수 3, 5, 7, 9 ···· 로 된 것을 홀수마방진, 짝수 4, 6, 8, 10 ····으로 된 것을 짝수마방진이라고 합니다.

홀수 마방진은 모두 3방진을 만드는 요령으로 다음 수를 넣으면 그 한 가지를 만들 수 있습니다. 어느 홀수 마방진이나 맨 아래 칸 중간 셀에 1을 넣고 시작합니다.

참고로 다음에 4방진과 5방진을 표시하였습니다.

16	2	3	13
5	11	10	8
9	7	6	12
4	14	15	1

4방진

9	2	25	18	11
3	21	19	12	10
22	20	13	6	4
16	14	7	5	23
15	8	1	24	17

5방진

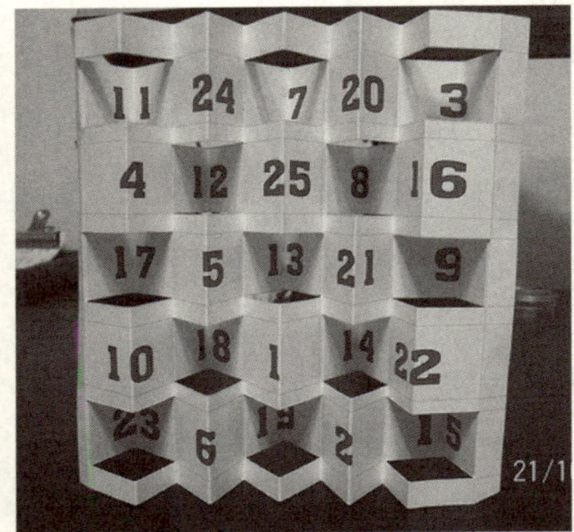

5방진의 다른 방법

20	11	2	49	40	31	22
12	3	43	41	32	23	21
4	44	42	33	24	15	13
45	36	34	25	16	14	5
37	35	26	12	8	6	46
29	27	18	9	7	47	38
28	19	10	1	48	39	30

7방진

7방진을 만들어 보는 것도 흥미 있는 일입니다. 이때 가로, 세로, 대각선 방향의 합은 $(7^2+1) \times 7 \div 2 = 175$입니다.

41. 런던타워 이야기

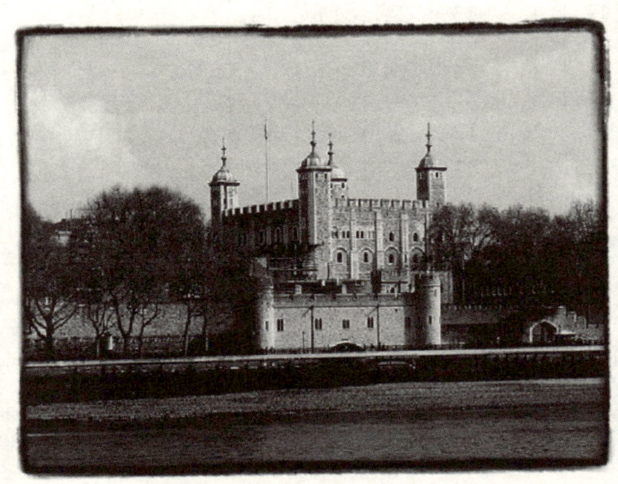

런던을 방문하는 관광객들이 어김없이 찾아가는 명소의 하나는 런던타워 즉 런던 성(城)입니다. 거기에는 과거 영국을 지배해온 권력자들의 역사 흔적과 그들의 유적들이 많이 남아있기 때문입니다.

런던타워는 시가지 동쪽에 위치한 언덕 위에 거대하게 세워져 있습니다. 고대로부터 영국을 지배해온 정복자들이 이곳을 근거지로 삼아 정권을 유지해온 성(城)입니다.

영국에는 처음 킬트 족이 살았는데 1세기경 로마제국이 영국을 침공하여 이곳에 보루(성체)를 세웠습니다.

4세기경에는 유럽에서 게르만계의 앵글로 색슨 족이 쳐

들어와 역시 이곳에 보루를 세우고 영국을 통치하였습니다.

다음에 노르만 정권의 윌리엄 1세(1066~87)가 앵글로색슨들을 정복하고 여기에 거대한 흰 탑(White Tower)을 세워 런던 시민에게 자신의 위엄을 과시하며 영국을 통치하였습니다.

그 후 런던타워는 군사적 보루보다는 왕가의 거처로 사용되었습니다.

그러다 1154년에 노르만 정권이 무너지고 플랜태저넷(앙리) 조(朝)가 들어섰습니다.

타워 건물의 대부분은 원래의 것도 있었으나 헨리 III세(1216~72) 치하에서 새로 건축한 것이 많습니다.

엘리자베스 여왕 이후 런던타워는 한 동안 죄인의 감옥소로 사용하였습니다. 여기서 큰 죄인이 처형되기도 했습니다.

런던타워의 면적은 약 18에이커의 넓이를 차지하고 있습니다. 외벽 주위에는 도랑 모양의 못을 파서 외부로부터의 침입을 막았으나 1863년에 메워버렸습니다. 제1, 2차 세계대전 때에는 형무소로 사용하였습니다.

현재 런던타워는 왕실의 보물을 전시하여 일반에게 보여주는 전시장으로 사용하고 있습니다. 또 대영제국의 무기고로 사용하고 있는데 새로운 무기들도 전시하여 일반인들에게 관람시키고 있습니다.

현재 이 타워에는 선발된 약 40여명의 경비병이 주둔하고 있습니다. 그래서 전통양식대로 타워를 지키고 있습니다.

경비병들은 헨리Ⅷ세나 에드워드Ⅵ세 때부터 내려오는 전통대로 시간이 되면 교대 의식을 하고 복무에 들어갑니다. 그 광경의 참관은 런던을 찾는 관광객들의 중요한 볼거리가 되고 있습니다.

그들을 '요먼 와든'(Yeomen Wardens, 감시원)이라고 부릅니다. 옛날의 기이한 모자와 복장을 입고 기이한 걸음과 손짓으로 전통의 교대 의식을 하고 근무에 들어갑니다. 이것의 관람이 런던을 찾는 관광객들의 한 일정에 들어감은 말할 필요도 없습니다.

그 경비병들을 속칭 '비프 이터'(Beefeater, 쇠고기 먹는 사람)라고 합니다. 500년 전의 그 옛날, 그들에게 특별 대우를 하여 정기 급식으로 언제나 쇠고기를 먹였기 때문에 붙여진 말입니다.

42. 세계 제일의 큰 섬, 그린란드 이야기

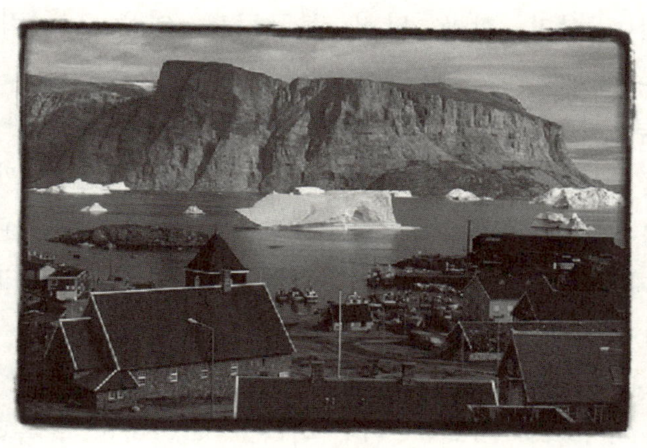

얼핏 듣기에 살기 좋은 낙원같이 들리지만 실제로는 그렇지 못한 섬이 캐나다 옆, 북극해와 대서양 사이에 위치해 있는 그린란드(Greenland)입니다. 섬의 대부분인 약 85%의 넓이가 연중 두터운 얼음으로 덮여 있습니다. 어떤 곳은 10,000피트(3,048m)의 두터운 눈으로 덮여 있습니다.

크기는 217만km^{2}가 넘는 세계 최대의 섬입니다. 북극해에 가까운 북쪽에 위치하고 있으며 서쪽은 해협을 끼고 캐나다와 접해 있습니다. 남서부 해안가의 연 평균기온은 0℃이며, 중부지역의 겨울철 평균기온은 -30℃에 이릅니다.

이와 같이 만년설(萬年雪)이 덮여 있는 기후에 살 수 있는 생물은 추위를 견디는 강한 식물과 털이 깊은 동물뿐입니다. 혹독한 겨울은 오랫동안 계속되며 여름철은 짧고 서늘하기까지 합니다.

툰드라지대에는 침엽수와 자작나무, 작은 관목들이 자라며 산에는 이리, 흰곰, 담비, 북극토끼, 여우, 너구리 등이 서식합니다.

남서부 지층이 엷은 지역에는 여름에 잡풀이나 관목, 몇가지 꽃식물이 자랄 뿐입니다. 대부분의 지역은 이끼와 같은 지의류(地衣類)만이 자라는 불모지로 덮여 있습니다.

그런데 이런 땅이 어떻게 그린란드(푸른 땅)라는 마치 희망찬 낙원 같은 이름으로 불리게 되었을까요?

부동산 업자들이 별로 매력이 없는 지역을 개발하면서 '희망의 땅'이나 '상쾌한 언덕'이라고 선전하며 유혹하듯이, 이곳을 개척한 사람이 사람들의 관심을 끌기 위하여 과장해서 불렀던 이름입니다.

그린란드 서남부를 처음 개척한 사람은 아이슬란드의 에릭 토어발슨(Eric Thorvaldsson)이었습니다. '붉은 에릭'(Eric the Red)라는 이름으로 더 잘 아려진 사람입니다.

982년에 그는 어쩌다 살인죄를 저질러 정부로부터 이곳에 3년 동안 추방 명령을 받았습니다. 때마침 그는 이곳을 잘 아는 한 군인의 도움을 받아 비교적 견딜만한 이 섬의 서남부 지역을 개척하면서 살았습니다. 미지의 추운 땅에서 생활이 고통스러웠으나 개척 의욕이 생겨 형을 다 마치면 이곳을 개발하야겠다는 마음을 먹었습니다.

그는 3년간의 추방생활을 마치고 아이슬란드로 돌아갔습니다. 그리고 사람들에게 그곳에서의 자신의 경험담을 들려

주며 같이 새로운 미지의 땅을 개척하자고 권유하였습니다. 그 미지의 땅을 개척할 정착민을 모집하면서 그곳을 그린란드(Green Land)라는 희망적인 이름으로 사람들을 설득하였습니다.

대서양 북부에 위치한 아이슬란드는 8세기에 아일랜드의 한 신부가 발견하였습니다. 노르웨이에서 서쪽으로 멀지 않은 곳에 있어 바이킹 프로키가 가서 개척한 섬입니다. 이렇게 하여 아이슬란드는 노르웨이의 영토가 되었습니다.

그 후 노르웨이가 덴마크의 식민지가 되면서 아이슬란드도 덴마크의 식민지가 되었습니다.

현재 이 섬에 거주하는 사람은 약 57,000명에 이릅니다. 주민의 대부분은 에스키모계 사람들이며, 유럽인은 1,000여 명에 불과합니다.

여름이면 남서부 지방에서는 채소류가 재배되고 있으며, 또 염소나 양 같은 몸집이 작은 동물이 사육되고 있습니다.

이 큰 섬 주변 연안에는 게, 바다가재, 연어, 대구, 청어 등 어류가 풍부하여 어업이 활기를 띠고 있습니다.

43. 백악관 이야기

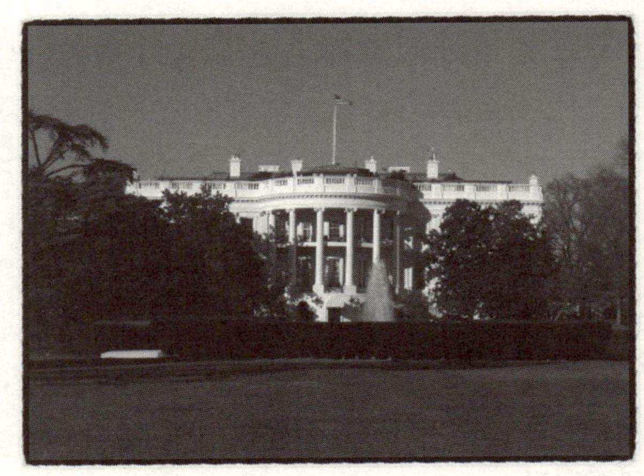

방송이나 신문 등으로 세계에서 가장 많이 보도되는 건물은 아마 미국 대통령 관저인 백악관일 것입니다. 미국 사람들은 실제로 백악관을 자랑으로 여기고 있습니다. 그것은 대통령을 직접 만나기는 어렵지만 누구나 백악관에 들어가 관저의 일부를 몸소 참관할 수 있기 때문입니다.

실제로 매일 미국의 수도 워싱턴을 방문하는 수많은 관광객들은 백악관 참관 코스를 신청합니다. 각자 몸소 관저를 참관하면서 대통령이 미국의 문제와 세계 여러 문제를 여기서 다루고 있구나 하고 감회에 잠깁니다.

초대 대통령 조지 워싱턴은 1891년에 미국의 새 수도가 워싱턴 DC로 결정되자 대통령이 거주하며 집무할 관저를 펜실베이니아가(街) 1600번지에 짓기로 결정했습니다.

그리고 아일랜드 출신의 유명한 건축가 제임스 호반(J. Hoban)에게 대통령이 거주할 관저의 설계를 부탁했습니다.

워싱턴의 요청을 받은 건축가 호반은 아일랜드에서 가장 잘 지었다는 정평이 나 있는 한 건물을 모델로 대통령 관저를 설계하였습니다.

그리하여 1792년에 초석을 놓고 석재 건물로 건축에 착수하여 7년 걸려 1800년에 준공을 했습니다. 그러나 초대 대통령 조지 워싱턴은 관저가 준공되기 전인 1799년 12월 14일 세상을 떠나, 신축된 관저에서 살아보지는 못했습니다.

관저는 1800년 11월 1일에 완공되어 처음으로 입주한 대통령은 제2대 존 아담스(J. Adams) 대통령이었습니다. 그러나 신축된 건물이어서 겨울에 찬바람이 거세어 별로 쾌적하지 못했다고 합니다.

제3대 제퍼슨 대통령에 이어 1809년에 제 4대 메디슨 대통령이 취임하였습니다. 그런데 미국은 독립 초기부터 영국과 사이가 좋지 못했습니다. 마침내 1812년에 영국과 제 2차 독립전쟁이 일어나고 말았습니다. 그래서 1814년 9월 14일 신축된 대통령 관저와 몇몇 건물이 영국군에 의하여 화재를 입어 내부가 다 타버리고 검은 뼈대만 남게 되었습니다.

제 2차 독립전쟁이 끝난 후 영국군이 물러나자 정부는 건축가 호반에게 부탁하여 관저를 재건축하게 하였습니다.

호반은 사암(砂岩)으로 지은 관저 뼈대는 그대로 살리고 리모델링하면서 불에 탄 검은 그을림을 없애기 위하여 건물의 외벽에 흰색 칠을 하였습니다.

재건축된 관저의 흰색이 주변 주택가의 붉은 벽돌건물과 대조를 이루자 국민들은 대통령 관저라 하지 않고 백악관(White House)이라고 부르게 되었습니다. 그러나 공식명칭으로 그렇게 부르게 된 것은 그로부터 80여년이 지난 후, 제26대 대통령 시어도어 루즈벨트 때부터입니다.

백악관은 그 후에도 여러 차례 개축이 있었습니다. 그러나 기본 설계는 언제나 유지되어 왔습니다. 본관은 가로 170피트(51.82m), 세로 85피트(25.6m)이며 지상 3층, 지하 2층으로 지어졌습니다.

서쪽 별관 3층에는 대통령이 국정을 집무하는 타원형의 오벌 룸(Oval Room)이 있습니다. 대통령의 행정을 돕는 보좌관들도 모두 3층에서 근무합니다. 대통령과 가족은 모두 2층에 거주합니다.

동쪽 별관 3층에는 국내외의 귀빈을 맞이하는 대통령의 접견실이 있습니다. 댄스파티와 리셉션도 여기에서 이루어집니다. 또 여기는 일반 관광객들의 참관이 허용되고 있습니다.

매일 백악관 앞마당에는 수많은 사람들이 줄을 서서 참관을 기다리고 있습니다. 이 광경은 백악관을 빼고 다른 나라에서는 볼 수 없는 풍경으로 여겨집니다. 일정한 시간 동안 일반인의 참관이 허용되고 있습니다.

백악관에는 방이 모두 132개가 있고 화장실은 32개가 있

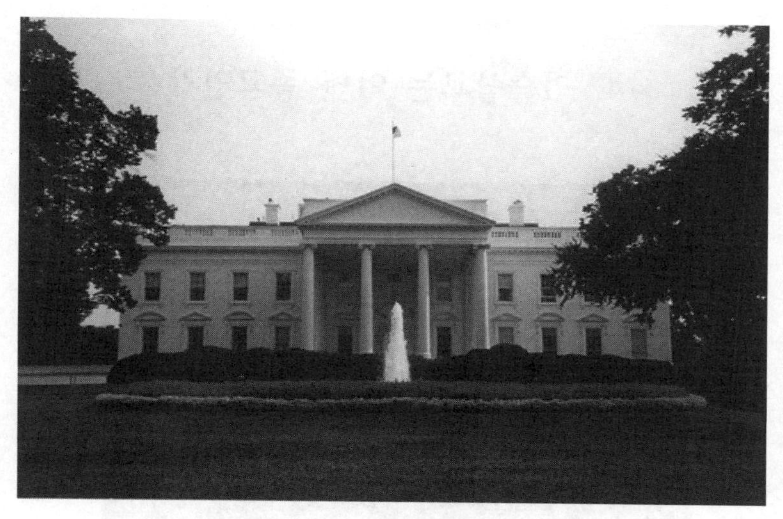

습니다. 백악관의 부지는 7만 2000m^{2}에 이르는데 적재적소에 전용극장, 당구장, 볼링장, 테니스장, 수영장, 조깅코스 등의 위락시설이 갖추어져 있습니다.

44. 이슬람교는 어떤 종교인가?

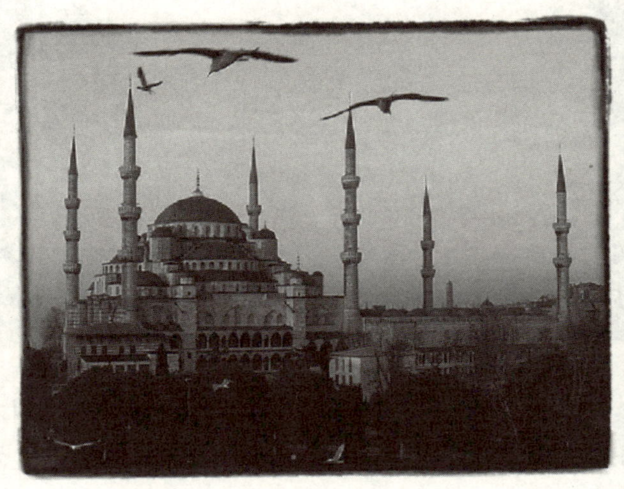

마호메트교라고도 부르는 이슬람교는 중동 아랍 지역을 중심으로 서쪽은 아프리카 북부 전역과, 북쪽은 러시아 남부 일부, 동쪽은 인도네시아까지 넓게 포교되어 있는 종교입니다. 우리에게는 옛날에 회교(回敎) 또는 회회교로 알려졌던 다소 생소한 종교입니다.

신도들은 어디에 살고 있건 매일 5번씩 성지 메카를 향해 기도를 해야 합니다. 그리고 이슬람 달력으로 매년 9월이 되면 일출에서 일몰까지 한 달 동안 단식기도를 해야 합니다. 이 기간을 '라마단'이라고 합니다.

이슬람교의 창시자 마호메트(Mahomet)는 570년 아라비아 반도의 서해안 중남부에 위치한 메카의 귀족 가정에서 유복자로 태어났습니다. 그는 조부가 죽은 후 어린 시절을 숙부 밑에서 자랐습니다.

그는 성장하여 한때 숙부를 따라 시리아 다마스커스를 왕래하는 대상(隊商)을 따라다니기도 했는데, 후에 숙부의 소개로 한 부유한 미망인 '하디자'의 사업을 돕는 일에 종사했습니다. 그의 성실함과 사람됨을 지켜본 '하디자'의 청혼을 받아들여 25세 때 그녀와 결혼하였습니다.

당시 메카 지역 대부분의 사람들은 여러 신을 믿고 있었습니다. 요르단에는 자신들만이 신으로부터 선택을 받은 민족이라고 믿는 유대인들이 살았으며, 예루살렘에는 예수의 삼위일체(三位一體) 교리를 믿는 그리스도교인들이 살고 있었습니다.

자라면서 종교에 큰 관심을 가지고 있던 마호메트는 여러 신을 믿는 메카의 귀족들이나 유대인, 그리스도교인들의 믿음을 별로 탐탁하게 생각하지 않았습니다.

그래서 그는 참다운 믿음을 찾는다는 결심으로 메카 근교의 성지 하라산의 동굴에 들어가 명상을 하며 구도(求道)의 기도에 들어갔습니다. 명상과 기도의 나날이 계속되었습니다.

610년의 어떤 날, 그는 명상을 하다 잠이 들었는데, 꿈속에 '가브리엘' 천사가 나타나 "모든 사람에게 '알라(Allah) 신'의 말씀을 포교하라!"는 계시를 받았습니다.

그때 그의 나이 40세였는데, 그 후로 마호메트는 '알라신'

의 덕행을 몸소 쌓아 스스로 예언자(豫言者)가 되었습니다.

그는 여러 신을 믿으며 사는 주위 사람들을 설득하여 오직 전지전능(全知全能)한 유일신인 '알라신'을 믿게 하였는데, 좋은 호응을 받았습니다.

그는 614년에 몇몇 신도들을 데리고 고향 메카에 돌아와 포교를 시작했으나 그의 교리가 받아들여지지 않았습니다. 오히려 귀족들로부터 박해를 받기에 이르렀습니다.

그래서 622년 7월 16일 교인들을 이끌고 북쪽 메디나로 피신하였습니다. 이슬람교에서는 이날을 '헤지라'(Hijrah, 성천)라고 하여 이슬람 달력의 기원 원년으로 삼고 있습니다.

그는 메디나에 정착하자 이슬람교단을 조직하여 설교에 힘써 신도가 크게 늘어나자 알라신의 율법에 따른 정치를 시작하였습니다.

마호메트는 교세가 점점 커지자 무력으로 메카를 점령할 계획을 세웠습니다. 그래서 여러 차례 전쟁 끝에 8년 후인 630년에 성지 메카를 점령하여 마침내 이슬람교의 본거지로 삼았습니다. 그리고 아라비아 전역을 통일하고 632년 6월 8일 세상을 떠났습니다.

마호메트는 15년 연상인 하지다와 결혼하여 3남 4녀를 두었으나 아들 셋이 모두 어려서 사망하여 그의 뒤를 이을 후계자가 없었습니다. 부인 하지다는 이미 619년에 먼저 세상을 떠났습니다.

후계자 없이 마호메트가 사망하자 이슬람교단은 장로 중에서 대행자, '칼리프'를 선출해서 그가 이슬람교를 이끌어 가도록 했습니다.

이렇게 하여 1대 칼리프로 아브 바크르가 당선되었습니다. 그가 죽은 후 2대 칼리프로 우마르가 선출됐습니다. 그는 왼손에 '코란', 오른 손에 '칼'을 들고 중동 이웃 지역의 대정벌에 들어갔습니다. 그리하여 시리아, 페르시아, 이란, 이집트를 정복하여 아랍 지역을 통일하는데 성공했습니다.

그가 죽은 후 3대 칼리프로 오스만이 선출되어 이슬람교를 이끌어가던 중 암살되어 4대 칼리프로 알리가 선출되었습니다. 그런데 알리는 마호메트의 4촌 동생이며 사위였습니다. 그는 마호메트의 딸 과타마와 결혼했으므로 그의 두 아들은 마호메트에게는 외손이 됩니다. 알리도 중도에 암살되자, 5대 칼리프의 선정 문제를 놓고 교도들 사이에 의견의 일치가 이루어지지 못했습니다.

마호메트의 언행에 의한 관습을 수나(Sunnah)라고 하는데, 수나 정신에 따라 칼리프를 세우자는 수니(Sunni)파와, 혈통에 따라 알리의 후손을 이맘(Imam, 지도자)으로 세우자는 시아(Shiah)파로 갈라지게 되었습니다.

순수한 이슬람 관습의 칼리프를 주장하는 수니파를 정통파라 하고 혈통에 의한 이맘을 주장하는 시아파를 분파라고 합니다.

수니파는 그 후 아바스 왕조, 우마이아 왕조 등을 거처 현재 이라크로 이어지고 있는데 수적으로 우세하며, 시아파는 그 후 사만 왕조, 사파비 왕조 등을 거쳐 현재 이란으로 이어지고 있습니다.

두 파 모두 알라신의 코란을 따르면서 서로 반목하여 상대를 용납하지 못하고 있습니다. 그래서 1980년대에는 두

파를 대표하는 이라크와 이란 사이에 8년간에 걸친 전쟁이 일어나 피차간에 많은 사상자를 내기도 했습니다.

이슬람교는 마호메트가 사망한 후에 더욱 널리 포교되어 800년경에는 동쪽은 인더스 강으로부터 서쪽은 지브롤터 해협을 건너 스페인까지 넓게 교세가 확장되기에 이르렀습니다.

11세기 이후 8차례에 걸친 그리스도교의 십자군과 교전이 있었으나 그 후에 더욱 팽창하여 현재 신도수가 약 6억 5,000만명에 이른다고 합니다.

이슬람교의 교리는 모두 코란(Koran) 속에 담겨 있습니다. 이슬람교의 성전(聖典)인 코란에는 유대교, 기독교, 불교의 좋은 교리는 거의 모두 담겨 있습니다.

코란은 모두 114장으로 되어 있는데, 알라신의 사랑과 자비의 말씀으로 시작하여 신도가 지켜야 할 행동규범과 일상생활의 규칙이 담겨 있습니다.

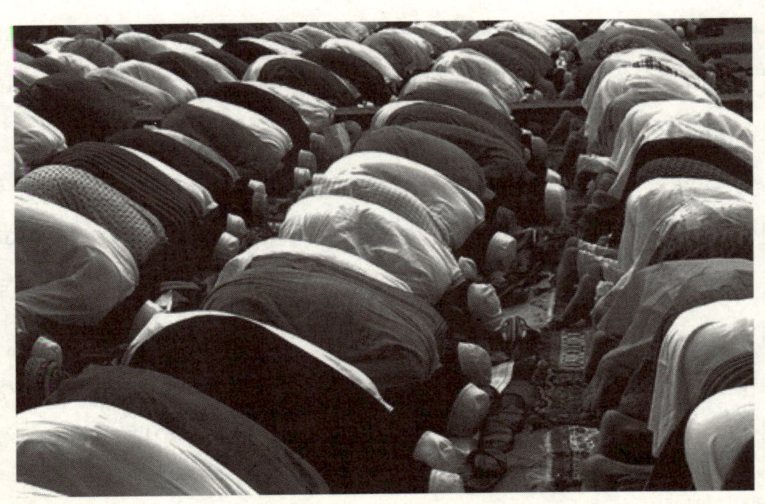

“신은 오직 알라신만이 있으며, 마호메트는 신이 아니고 예언자입니다.”

모든 신도는 항상 알라신의 말씀을 실천에 옮겨야 합니다. 신도는 믿음에 따른 시주를 해야 하며, 평생에 한번 이상 성지 메카를 순례하여야 합니다.

남자는 계약에 의하여 마흐르(혼인자금)를 내고 결혼을 하는데 4명의 아내와 같이 살 수 있습니다. 다만 고아를 구제할 의무가 따릅니다.

그러나 여자는 외부 남자와의 교제가 허용되지 않습니다. 여자들은 외출할 때는 반드시 차도르를 착용하여 전신을 가리고 다녀야 합니다.

이슬람교의 사원을 모스크(Mosque)라고 합니다. 모스크에는 기독교의 교회나 불교의 사찰에서 볼 수 있는 십자가나 불상과 같은 어떤 상징물이 없는 것이 특징입니다. 모슬렘들은 금요일 정오에 모스크에 모여 집단 예배를 합니다.

이슬람교의 성지인 메카와 마호메트의 시신이 묻혀있는 메디나의 ‘성 모스크’에는 세계 여러 곳에서 모여드는 무슬림들만 참배가 허용됩니다.

45. 꽁지별(혜성) 이야기

망원경으로 고요한 밤하늘의 별들을 관찰하다가 꼬리가 달린 별이 나타난다면 누구나 그 신비에 흥분할 것입니다. 망원경이 없던 옛날 육안으로 볼 수 있는 비교적 큰 '꼬리가 달린 별'이 나타났다는 기록이 전해오고 있습니다.

꼬리가 달린 별을 혜성(彗星, comet) 또는 꽁지별이라고 합니다. 아무것도 모르던 고대에 밤하늘에 나타난 꽁지별을 보고 사람들이 놀라워했을 것은 당연한 것입니다.

사람들은 앞으로 돌림병이나 전쟁, 가뭄, 홍수, 기근 등의 재앙이 뒤따르는 좋지 않은 징조가 아닐까 걱정했을 것으로 생각됩니다. 그래서 우리나라에서는 꽁지별을 살별(살이 있는 별)이라고 불렀습니다.

오늘날 우리는 꽁지별이 무엇인지 많은 것을 알고 있습니다. 그러나 꽁지별의 모든 것을 알고 있는 것은 아닙니다. 천문학자들에 의하면 해마다 몇 개의 혜성이 나타나고 있으나, 너무 작아서 성능이 좋은 망원경이 아니면 볼 수 없다고 합니다.

어떤 혜성은 태양을 한 초점으로 타원궤도를 도는데, 이것은 후에 다시 돌아온다고 합니다.

다른 혜성은 이와는 다르게 태양을 초점으로 하여 포물선 또는 쌍곡선 궤도를 도는데, 이것들은 영영 사라져버린다고 합니다.

혜성은 모두 태양계에 속합니다. 혜성은 지름이 수천마일에 이르는 큰 것이라도 처음에 나타날 때는 작은 점으로 보이고, 태양에 접근하면서 뒤쪽에 꼬리가 생기기 시작합니다. 꼬리는 태양에 가까워질수록 점차 길어집니다. 그러나 혜성은 처음 어디에서 출발하여 오는지는 아직 잘 알려져 있지 않습니다.

혜성의 빛이 나는 부분을 '머리' 또는 '핵(核)'이라고 합니다. 혜성의 핵을 덮고 있는 부분을 코마(coma)라고 합니다. 과학자들은 혜성의 핵(머리)은 미세한 먼지와 얼음, 가스 물질 등으로 되어 있는 덩어리로 생각하고 있습니다. 그래서 혜성이 태양 가까이 접근하면 태양광선의 압력을 받아 핵의 일부 물질에 분열이 일어나 방출되어 나오는 것이 꼬리를 형성한다고 생각하고 있습니다.

혜성의 꼬리는 모양과 크기가 모두 다릅니다. 어떤 것은

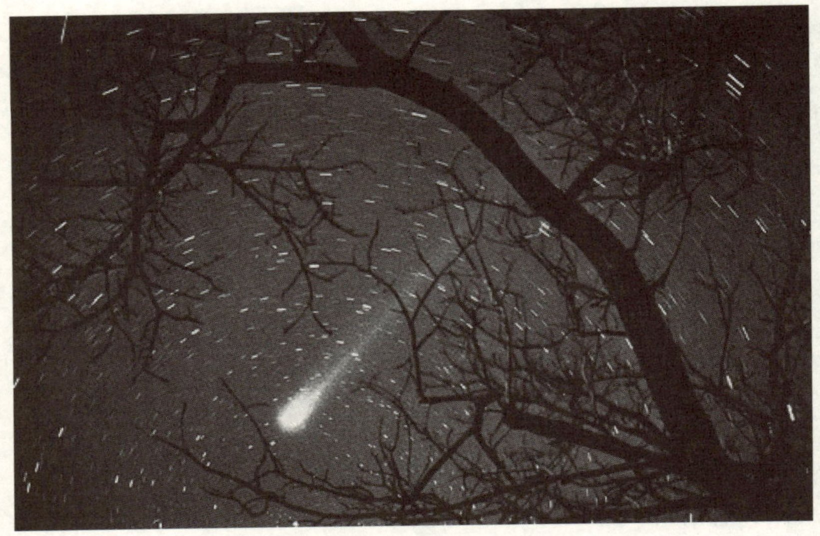

나뭇가지 사이로 보이는 혜성

짧고 무디며, 어떤 것은 길고 가늡니다. 꼬리의 길이는 보통 5,000,000마일(800만km)에 이르고 있습니다. 그리고 이보다 더 긴 것도 있으며, 전혀 꼬리가 생기지 않는 것도 있습니다.

태양에 가까워지면서 혜성의 속도가 빨라지며 태양 반대쪽에 생기는 꼬리도 점점 길어집니다. 꼬리는 태양의 반대쪽으로 생기므로 코마가 태양 주위를 돌면 꼬리의 방향이 부채 살 모양으로 바뀌어 비춰집니다.

혜성이 태양 주위를 도는 동안 기이한 현상이 일어납니다. 코마가 태양 주위를 반 바퀴 돌아서 돌아갈 때는 꼬리가 앞서 가고 코마가 뒤따라 가는 현상이 일어납니다. 그리하여 멀어지면 꼬리의 길이가 점점 짧아지다 마침내 혜성은 작은 점으로 사라져버립니다.

타원궤도를 도는 혜성은 언젠가는 다시 돌아옵니다. 이런 혜성은 태양을 초점으로 운행하므로 일정한 주기를 두고 다시 나타납니다. 그러나 포물선이나 쌍곡선 궤도를 도는 혜성은 영영 돌아오지 않습니다.

역사적으로는 핼리혜성이 아주 유명합니다. 이 혜성은 뉴턴의 친구이자 천문학자였던 핼리(E. Halley)가 1705년에 자기가 죽은 후인 1758년에 한 혜성이 나타날 것이라고 예언했던 것인데, 실제로 그 해에 나타난 혜성입니다.

핼리는 문헌에 있는 한 혜성을 연구하여 주기가 75년인 것을 알고 예언했던 것입니다. 후세 천문학자들은 그 혜성을 핼리의 이름을 따서 '핼리혜성'이라고 명명(命名)하였습니다. 그리고 76년 후인 1834년에도 핼리혜성은 다시 나타났습니다. 핼리혜성은 1910년에도 나타나 1등성 정도의 크기로 보였다고 하는데, 무관한 일이지만 우리나라는 그 해에 일본의 침략으로 36년간 나라를 잃기도 했습니다. 가장 최근에는 1986년에 핼리혜성이 나타났는데 이 때는 2.8등성의 밝기로 보였습니다. 그러므로 또 76년 후인 2062년에도 다시 핼리혜성이 나타날 것으로 예측되고 있습니다.